柳宗民の雑草ノオト 秋

柳宗民 著
三品隆司 画

毎日新聞出版

もくじ

秋

Autumn

ヨモギ

Artemisia princeps

別名をモチグサという。早春、萌え出るヨモギの新芽を摘んで餅(もち)につき込んで草餅を作る。その特有な香りが春の訪れを告げるし、中にくるまれた餡の甘さがヨモギの香りに溶け込んで、早春の味わいを醸し出す。

このように、ヨモギというと「春の草」というイメージが強いが、その花は初秋に咲く。といっても、派手とも美しいとも云えない地味な花のため、目に留める人は少ないだろう。七〇～八〇センチメートルに伸びる茎の先に、うすい褐色の小さな頭状花を円錐(えんすい)状の花穂に細かくつける。葉は切れ込みのあるキクの葉に似ており、葉裏に白い微毛が密生してソフトな感じがするが、生長した茎につく葉は姿を変え、何となく強張(こわば)った感じとなって、いかにも雑草の葉という趣きだ。

草餅のほか天ぷらや佃煮(つくだに)、あるいは新葉を炊き込んだよもぎ飯など、食用として昔から利用されてきたが、薬草として広く利用されてきた植物でもある。お灸のもぐさの原料がヨモギであることはよく知られているし、血液を浄化したり、止血、痛み止め、高血圧など多様な薬効があって、こうなると、とても雑草とは云えないありがたい植物と云わざるを得ない。

子供の頃、悪さをすると「お灸(きゅう)を据えますヨ!」とよく云われたが、これも薬効? の一つ

ヨモギ
Artemisia princeps

5

和名：ヨモギ
科名：キク科
属名：ヨモギ属
別名：モチグサ、モグサ、
　　　サシモグサ
生態：多年草
学名：*Artemisia princeps*

だろうか。もっとも、近頃は、こんなことを云って子供をしつける親はいなくなってしまったようだ。これも時代の変化というものだろう。

ヨモギは全国至る所に野生するが、この仲間であるヨモギ属（アルテミシア属 *Artemisia*）には大変多くの種類がある。山地に多く、大型でヨモギの一変種とされるヤマヨモギは、もぐさの原料として利用されることが多い。

近頃、山野草が静かなブームで愛好家も多く、いろいろなものが栽培されているが、この中にアサギリソウというのがある。密に茂る深く細かく切れ込む葉は、銀白色で大変美しく、観葉山野草として昔から人気が高い。北海道の高山や海岸地帯の岩場に野生し、特に最北の礼文島に多いようだ。黒々とした岩場に、白いかたまりのように生えている草があれば、このアサギリソウと思ってよい。岩場の黒に白いアサギリソウのコントラストが、よく目立つと共に意外に美しい眺めとなる。

アサギリソウのほか、この仲間に北海道でよく見られるシロヨモギというのがある。これは海岸の砂地に野生し、海浜性植物らしく、アサギリソウより切れ込みのあらい厚手の葉をつける。繊細さはないが、アサギリソウと同じように銀白色の葉でけっこう美しく、夏から秋へかけて茎を伸ばして、その先に、この仲間では大きめの頭状花を垂れ下げるようにして穂状に咲かせる。

日本人がよく訪れるハワイ諸島は、島々によってムードが異なって面白いが、その中で関取であった高見山の故郷マウイ島は、私が「麗しの島」と呼ぶほどに、美しくも風光明媚な島だ。この島にはハレアカラ山という三〇〇〇メートルにも及ぶ火山があり、この山頂部には独特の高山植物があって、植物探訪をするには面白い山だ。中でも、世界の珍草と云われる銀剣草（シルバー・ソード Silver Sword）の野生地として有名だが、ここにはアルテミシア・マウイエンシス

(*Artemisia mauiensis*) という固有種があり、ガラガラとした火山礫の中に銀白色の姿を見せる。アサギリソウによく似ているが、風情という点ではアサギリソウの方に軍配を挙げたい。

最近はハーブばやりで、いろいろなハーブの苗が市販されているが、この中にウォームウッド (Wormwood) というのがある。これもヨモギの仲間で、ヨーロッパ原産のニガヨモギのことで、わが国のヨモギとよく似ている。ハーブというと、何でも料理に使えると思われやすいが、これは大変な間違いで、ハーブとは元来薬草のことだから、有毒植物がかなりある。トリカブト、スズラン、クリスマス・ローズなどの猛毒植物もハーブの一種で、用い方によっては、この毒成分が薬用になる。ただし、用い方を間違ったら命取りだ。このニガヨモギも、猛毒ではないが弱毒性があるようで、わが国のヨモギのように食用にはしない方がよい。駆虫剤や健胃剤として使われるが、素人は安易に使わないことだ。

ヨモギの仲間は、わが国に野生するものだけでも、オトコヨモギ、イヌヨモギ、カワラヨモギ、ヒメヨモギなどのほか、一年生のクソニンジン、カワラニンジンというのもあり、この二種は葉がニンジンの葉に似るところから付けられた名であるが、もちろんニンジンの仲間ではない。

古来、春の訪れを告げる草餅などの食用として、また薬草として広く用いられてきたヨモギは、私達の生活に大いに役立ってきたが、半面、これがはびこり出すと、退治するのに骨が折れる雑草と化す。「過ぎたるは猶及ばざるが如し」というところか……。

アワコガネギク
Chrysanthemum boreale

秋が深まると、野に咲く花もぐっと少なくなるが、キク科の植物にはキクはもちろん（ただしキクは中国産）、この季節に花を咲かせる短日花が多い。

咲く花の少なくなる秋日に山野を歩くと、黄色く小さいキクに似た房状の花を、すっと伸びる茎上に咲かせているのをよく見掛ける。これがアワコガネギクだ。時には、大きな花房の重みのためか、茎がしなだれるようになって咲いているのを見掛けるが、その姿に、いかにも秋らしい風情を感じる。

秋咲きのキク状花を咲かせる山野草には、「キク」という名を冠したものが多く、これらをひっくるめてノギクと呼ばれる。時には、これらを栽培菊の原種と思う人がいるが、これは誤りで、栽培菊は前記のように中国原産の園芸種であって、わが国の野生菊ではない。また、キクと名付けられていても、キク属（クリサンテムム属 *Chrysanthemum*）ではなく、別属のシオン属（アステル属 *Aster*）のものも多い。アワコガネギク同様に秋咲きのものでは、白色花を咲かせるものでヤマシロギクや、これに似て四国や九州に多いイナカギク、ヤマシロギクと名前が混同されやすいシラヤマギクなどがある。また、観賞用としても植えられる紫色のノコンギク、白色でわずかに紫がかるユウガギクなど、これらはいずれもキクの仲間と思わせる花を咲かせるが、実

アワコガネギク
Chrysanthemum boreale

和名：アワコガネギク　　別名：アブラギク、キクタニギク
科名：キク科　　生態：多年草
属名：キク属　　学名：*Chrysanthemum boreale*

はキクの仲間ではないわけだ。もっとも、素人目にはキクの仲間と思っても無理からぬところであろうし、ひっくるめて「ノギク」と云ってしまうのも文学的表現として許されてよいとも思う。

キク属の植物は葉に深い切れ込みのあるもの（いわゆる普通のキクの葉の形）が多いが、シオン属は深い切れ込みのものはほとんどなく、浅い欠刻（けっこく）のものがほとんどだ。花色は、シオン属のものは白か紫で黄色花のものはないが、キク属のものは黄色か白色で、紫系の花色のものはない。以上が、シオン属とキク属の違いである。

キク属の黄色花種の代表的なものが、このアワコガネギクで、これこそ正真正銘のノギクである。わが国に野生するキク属にも多種あって、アワコガネギク同様の黄色花を咲かせるものに、花を油に漬けて薬用とするためにアブラギクと呼ばれる種類がある。これは九州など、わが国南部に分布し、栽培される小菊類には、この血を受け継いだものがあるという。このほか、白花を咲かせるものに、園芸種として栽培されるもので東北地方の太平洋岸に野生する白花大輪のハマギク、これによく似て東北から北海道にかけての太平洋岸に野生するコハマギクというのもあり、時に山野草として栽培され楽しまれる。このコハマギクは、アメリカの有名な育種家ルーサー・バーバンクの手によって、ヨーロッパ産のフランスギクと交配され、白色大輪で茎が強く切り花にもよいシャスタ・デージーの誕生となる。シャスタとは、北アメリカ西部の雪をいただく名山シャスタ山のことで、その白さからこの山に因んで付けられた名だ。ヨーロッパのキクの仲間と、わが国の野生菊の一種とが、アメリカ人の手によって結ばれたというのも興味深いことだ。

わが国のキク属のものには、ハマギクやコハマギクのように海岸地帯に野生するものが多い。ハマギクと共に鉢植などでよく売られているイソギクもその一つ。楔（くさび）状の葉の上半分に浅い欠刻のある葉は、細く白い覆輪に縁取られ、その葉が観葉的にけっこう楽しめる。どんな素晴らしい花が咲くかと期待していると、やがて茎頂に花びらのない小さな黄色の頭状花を密集して咲かせる。期待はずれというところだが、満開になると、その葉色によくマッチして意外に美しい。このイソギクに近い別種にシオギクというのがあり、これは高知県の海岸地帯にのみ野生するいわば地方限定種で、こちらの方は短い白色の花びら（舌状花）がある。さらにイソギク同様、花びらのない管状花だけのマメシオギクと呼ばれるものや、花びらがよく発達するミソノシオギクと呼ばれる変種もあり、かなり変異が多い。

また、山口県などの瀬戸内海の海岸に野生するニジガハマギクは、前述のアブラギクとノジギクとの自然雑種であろうと云われ、アブラギクに似た黄色花を咲かせる。このニジガハマギクの片親とされるノジギクは、関西地方の海岸丘陵山足に生息する野生菊の一種で、白い花を咲かせるが、これも本当のノギクの一つと云えよう。これ以外にも、葉に独特の香りを持つところから名付けられたリュウノウギクという野生菊もあり、やはり白い花を咲かせる。

栽培菊を始め秋咲きのキク属の植物は、秋へかけて日が短くなる、いわゆる短日状態で花芽を作り、中秋から晩秋へかけて咲く。栽培菊などは、この性質を利用して、ある程度育ったところで、人為的に日の長さを短くする短日処理をして早く咲かせているが、近頃は年中いつでも咲かせる技術が発達したため、キクの花は周年を通して切り花が売られている。

アワコガネギクなども、技術的な操作をすれば早く咲かせることもできようが、やはり秋深くなって、自然の季節に咲いてこそアワコガネギクであると思う。

セイタカアワダチソウ

Solidago altissima

よく見れば、花は美しく観賞価値があるが、あまりはびこられると始末に悪い雑草として悪玉扱いにされてしまう植物が時にある。その代表的なのがセイタカアワダチソウだろう。生れは北アメリカで、明治時代にすでに入って来ていたらしいが、爆発的に殖えたのは太平洋戦争後のようだ。空地はもちろん、原野や湿原の葦原にまで侵入し、在来の植物を駆逐してあっという間に各地に広がってしまった。人の丈以上に伸びて、秋深まると、黄金色のごく小さな花を大きな円錐状の花穂にぎっしりと咲かせ、群生して咲くと、咲く花の少なくなる秋に素晴らしい景観となる。かなり以前、この花の花粉が花粉喘息(ぜんそく)を起こすと云われたために、よけいに悪玉扱いされたが、この花粉は喘息を起こす同じキク科のブタクサのように舞い上がって飛散することはなく、その後、花粉喘息に関しては無害説が有力となった。最近は杉による被害がひどくなったこともあって、セイタカアワダチソウによる花粉喘息の話はほとんど聞かなくなってしまった。濡れ衣が晴れたというところだが、何せ、そのはびこり方が尋常ではなく、いまだに悪玉扱いはまぬがれていない。

空地などで、この草が名前のように背高く生い茂って防犯上よくないと、生育中に刈り取りが行われることがあったが、この草、地下茎をはびこらせて茂り、刈れば刈るほど地下茎が広がる

セイタカアワダチソウ
Solidago altissima

13

和名：セイタカアワダチソウ
科名：キク科
属名：アキノキリンソウ属
別名：セイタカアキノキリンソウ
生態：多年草
学名：*Solidago altissima*

という始末に負えない性質があるため、うっかり刈り取ることもできない。といって、地下茎を掘り除くにも、大変な労力を要するので除き切れるものではない。結局はお手上げ、ということになってしまう。まさに「憎まれっ子世にはばかる」というわけだ。

ある年の十月末、ニュージーランドを初めて訪れた時、飛行機の中から、山の頂上まで真っ黄色に咲く花を見て驚いたことがある。始めは菜の花畑かと思ったが、山の上まで菜の花を作っているとは思えない。はて、何だろうと思っていたが、着いてみて解ったのは、野生化したエニシダの大群落であった。ヨーロッパ原産のこの花木、英国人が移住してきた折り、牧場の境界木として持ち込んで植えたのが始まりだという。それが気候風土に適したためか、種子が飛び散って野生化し、ニュージーランド全土に広がってしまったらしい。この国はどこへ行っても牧場だらけで、羊や牛はエニシダを食べないため、境界木どころか、うっかりすると牧草地一帯に野生化してしまう。除草剤を撒いたり、あの手この手で退治しようとしているようだが、はびこる方が早く、手に負えない害木として閉口しているようだ。旅行者の私達には、黄金の絨緞を敷きつめたようで、その光景はまことに美しく楽しめるが、向うの人たちにとっては憎っくき花であるようだ。何となく、わが国のセイタカアワダチソウに似ていて、これが咲く頃に訪れた外国人は、けっこう楽しんでいるかもしれない。

セイタカアワダチソウによく似て、この仲間にオオアワダチソウという同じく北アメリカからの帰化植物がある。こちらの方は、それほどはびこってはいないようで、よく似ているが、咲く時期が七〜八月だから区別がつく。十〜十一月に咲いていれば、すべてセイタカアワダチソウと見てよい。

セイタカは「背高」の意で丈が高く伸びるためだが、アワダチソウとはわが国各地の山野に多く野生するアキノキリンソウの別名で、同属の植物である。アキノキリンソウは、名のように秋の訪れと共に五〇センチメートル以上の茎を立て、黄色の小花を円柱状の花穂に咲かせて、山野草の中ではけっこう美しく、草物盆栽の植材としてもしばしば用いられる。このアキノキリンソウ、わが国だけでなく北半球の温帯域に広く分布し、ウィルガ・アウレア（*Virga-aurea*）＝「黄金色の乙女」という素晴らしい種名を与えられている。

このアキノキリンソウの一変種にコガネギクというのがあり、これはアキノキリンソウより草丈低く小型であるが、花はやや大きい。因みにこのグループの属名ソリダゴ（*Solidago*）には「強くする」、「治す」という意味があり、実際にハーブの一つとして利尿剤や洗浄剤に用いられていたようだ。

セイタカアワダチソウは、わが国の秋をうめつくすようにはびこっていたが、東京周辺では以前に較べると、かなり減ってきているようだ。帰化植物は、入ってくると病虫害がないために爆発的に殖えることがよくあるが、何年か経つと病虫害が発生して衰退することもある。セイタカアワダチソウが以前より減っているのも、あるいはこのことと関係があるかもしれない。しかし、ほかの地域では一向に減ることなく、はびこり続けている。

セイタカアワダチソウは、花は美しくとも、観賞用として庭植えにするには少々はばかられるかもしれぬが、夏咲きのオオアワダチソウの方は、それほどはびこらぬので、昔から宿根草花として植えられることがあるし、両種共、切り花としても用いられる。切り花であれば、はびこることもないから安心である。

また、セイタカアワダチソウは、かなり蜜を出すらしく、蜜源植物としても利用されているようだから、悪者も使いようかもしれない。

オミナエシ

Patrinia scabiosaefolia

昔に較べると、秋の野辺に咲く花が少なくなったようだが、それでも秋になれば、いかにも秋らしい静けさを漂わせた風情ある花が咲く。その中の七種を選んで詠まれたのが万葉の歌人、山上憶良の秋の七草の歌である。

萩の花　尾花葛花　瞿麦の花　女郎花　また藤袴　朝貌の花（万葉集　巻八）

全句これ、植物の名だけで作られているのは、世界的に見ても、ちょっと類がないものと思う。日本人が、いかに古くから植物を愛で、親しんだかがうかがえる。

この秋の七草の一つにオミナエシが登場している。山野の日当りのよい草地に、初秋の頃、千々の草々に抜きん出て直立する茎を伸ばし、黄色い米粒のような花を傘形に、密に咲かせる。

以前、奥多摩の山へ出掛けた時のことだ。日当りのよい山の斜面にオミナエシが何本も茎を立てて咲いていた。急斜面を息切れる思いで登りつめ、やれやれと立ち止って下を見下ろして、ハッと思ったことがある。斜面に咲いていたオミナエシを真上から見て、面白いことに気がついた。この花は中心の茎の節々から左右対称に小枝を出して、その先に花房をつける。この小枝の

オミナエシ
Patrinia scabiosaefolia

17

和名：オミナエシ
科名：オミナエシ科
属名：オミナエシ属
別名：オミナメシ、チメグサ
生態：多年草
学名：*Patrinia scabiosaefolia*

つき方が、節ごとに左右一直線となるが、上の節ごとにその方向が直角、直角と交互になって重なり、上から見ると正確に十文字を描いているではないか。丈高くのびる草ゆえ、いつもその横姿しか見ておらず、このように小枝が規則正しく出ているとは全く知らなかった。どうしてこのようなつき方をするのか、自然の妙とは不思議なものである。

オミナエシを漢字で書くと「女郎花」である。この清楚で愛らしき花に女郎花とは。その謂れはよく知らないが、オミナエシにとっては、差別待遇をされたと怒っているに違いない。もちろん、これは漢名ではなく、漢名は「黄花竜芽」と云う。よく敗醤と書くが、これは誤用で、この仲間のオトコエシのことだそうだ。オミナエシの語源は「女飯」と云われ、その米粒のような小さな花を飯粒に喩え、美しい黄花を女子に見立てて付けられた名らしい。

女がいれば男がいる。オミナエシにも彼氏がいてオトコエシと云い、白い花を咲かせ、各地の山野に野生する。オミナエシはよく知られていて、園芸化され、観賞用草花としても扱われているが、オトコエシの方は少々忘れられた存在になっている。やはり、これも女性優位というところか。

漢方で「敗醤根」というのがあり、利尿、解毒剤として用いられている。敗醤とはオトコエシの漢名だが、漢方で用いる敗醤根は、オミナエシ、オトコエシ両種の根が共に扱われている。

オトコエシはほとんど園芸的に扱われていなかったが、近年、これの鉢作りに仕立てたものが時々売られるようになった。オミナエシには玉川オミナエシという早咲きの園芸品種があって、切り花用に栽培され、初夏から夏へかけて咲く。玉川と名付けられているのは、これを改良された、わが国園芸界の先達者である桜井元氏が、東京の多摩川辺りの上野毛に住んでおられたために付けられた品種名であると思うが、これは定かではない。近頃売られているオミナエシ、オトコエシの苗や鉢植は、いずれもこの玉川オミナエシである。オミナエシ、オトコエシ共に丈夫な宿根草で、庭植えにすると毎年よく咲いてくれる。両種共々植えておけば、金銀そろって咲いてくれ、より楽しめる。

オミナエシの仲間は、オトコエシのほか、わが国には幾つかの種類がある。一名ハクサンオミナエシと呼ばれるキンレイカは高山性オミナエシの一種で、草丈は二〇〜三〇センチメートルと小型で、黄色の花を可憐に咲かせる。北海道にはこれよりさらに小型で、やはり黄色花を咲かせるタカネオミナエシという種類があって、礼文島の向陽草地に多く見られ、一名チシマキンレイカとも云う。このほか、北国山地の湿っぽいところに生えるマルバキンレイカというのもある。前述のキンレイカ（ハクサンオミナエシ）が深い切れ込みのあるモミジに似た葉をつけるのに対し、こちらは深裂しないので「マルバ」の名が付けられたらしいが、この葉は欠刻（けっこく）があって、どう見ても丸葉とは云いがたい。

オミナエシは、以前は方々でその野生を見掛けたものだが、最近はめっきり野生を見ることが少なくなったようだ。市販されているものは、ほとんど前述の玉川オミナエシという園芸種であるし、といって乱獲されて減ったとも思えない。野生植物には時々、原因がよく解らずに減少するものがある。オミナエシもその一つだろうか。中学生の時に、夏休みに八ヶ岳山麓の高原を走る小海線に乗ったことがあった。今では、戦後すっかり開拓されて畑になってしまったが、その頃は野の花々が咲き乱れる中をゆっくりと汽車が走り、その美しさは今でも忘れがたい想い出で、中でも目立って印象に残ったのがオミナエシの花である。

カワラナデシコ

Dianthus superbus var. longicalycinus

秋の七草の一つとして詠まれた瞿麦（なでしこ）の花は、このカワラナデシコのことである。わが国のナデシコ類の代表種で、単にナデシコとも呼ばれる。晩夏から初秋へかけて、嫋（たお）やかなピンク色の花を咲かせ、野の花の中でも最も心惹かれる花の一つだ。

茎は長く伸び、時に一メートルを超すこともあるが、多くは直立せずに地を這（は）うように斜めに伸び、半ば上部を直立させて花をつける。何となく弱々しい感じもするが、性質は強く、しかも優美な花を咲かせる。別にヤマトナデシコの名があり、一見、弱々しくて優雅だが、芯は強いということで、昔、日本女性のことを大和撫子（やまとなでしこ）と呼んだが、さもありなんと思う。もっとも、近ごろの大和撫子は少々強くなり過ぎて、往時の大和撫子とはかなり趣きが変り、もはや死語になってしまったようだが……。

ただし、この花の別名のヤマトナデシコは、後述する中国産のカラナデシコ（唐撫子）に対して付けられたのが正しいようで、日本女性の特長を模して付けられたのではないらしい。

カワラナデシコの名のように、河原に多く野生するかというとそうでもなく、山足の道際などでよく見掛ける。しかし最近は、これまた昔に較（くら）べると、野生を見ることがかなり少なくなってきた。

カワラナデシコ

Dianthus superbus var. longicalycinus

和名：カワラナデシコ
科名：ナデシコ科
属名：ナデシコ属

別名：ナデシコ、ヤマトナデシコ
生態：多年草
学名：*Dianthus superbus var. longicalycinus*

昔から、その花の美しさのために、庭などに植えられたり、茶花として生けられたりしたが、園芸的に改良された赤花種もあり、紅花カワラナデシコと称して種子が市販されているし、切り花としてもよく用いられる。切り花用として改良されたために、茎は野生種より剛直で直立し、あまり風情はない。時に白花種もあって、これをシラサギナデシコと云う。弁周が細かく切れ込む純白の花は、まさに白鷺の飛ぶ姿に似ていて、うまい名前を付けたものだ。

このカワラナデシコが高山に登りついて（？）住み着いたものに、タカネナデシコと呼ばれる変種がある。草丈は低いが、紅色に近い大きな花を咲かせる。弁周の切れ込みが深く細かく、その先端が垂れ気味に咲き、なかなか美しい花だ。これによく似た近縁種に、茎葉が白味を帯びるクモイナデシコまたはシモフリナデシコと呼ばれる種類があり、信州の白馬岳一帯に野生し、タカネナデシコと共に山野草愛好家の間で珍重される。

北海道の夏、七月の頃に原生花園などを訪れると、あちこちに赤桃色の花が群れ咲くのが見られるが、これはエゾカワラナデシコの花だ。普通のカワラナデシコより色が濃く、まとまって花が咲くのでよく目立つ。分類学的にはカワラナデシコと同種と見なされ、こちらの方が基本種とされている。

カワラナデシコはわが国各地に分布するが、わが国だけでなく、遠くヨーロッパにまで分布していて、他種との交配による園芸品種まである。

ナデシコの仲間はディアントゥス属（*Dianthus*）と云い、世界各地に多くの種類があり、特にヨーロッパには園芸化された品種が多く、タツタナデシコやカーネーションのほか、ヨーロッパ産にもかかわらず、なぜかアメリカナデシコの別名があるヒゲナデシコなどがある。属名のディアントゥスには「二つの花」または「神の花」という意味がある。前者の方は一カ所に二つの蕾をつけるものが多いことによるようだが、後者は古くヨーロッパでは神に捧げる花として用いられてきたためらしい。神聖な花として扱われていたことになる。

わが国にも、カワラナデシコのほか、幾つかの種類が野生する。中部以北の高原、特に信州に多く野生するシナノナデシコは、アメリカナデシコによく似た花を咲かせる。各地の海岸地帯に野生するハマナデシコとも呼ばれるフジナデシコは、海浜性植物らしく光沢のある濃緑色の葉を茂らせ、茎頂に藤色の小花を密集して咲かせる。これには紅撫子と称して切り花にされる園芸品種があり、名のように赤い花を咲かせるが、白花種もあり、七〜八月の真夏に咲く。変ったものでは、わが国南部の海岸地帯に分布し、特に愛媛県の海辺に多いヒメハマナデシコというのがあって、茎は横張りに茂り、晩夏から秋へかけて紫紅色の可愛い花を咲かせる。一昔前、種苗商のカタログに登場し、その種子が売られていたことがあったが、数年ならずしてカタログから消えてしまった。どうやら発売はしたものの、人気が出ずに終ってしまったらしい。

わが国には、古く中国から渡来し、江戸時代に独特の改良が行われたセキチク、別名をカラナデシコという園芸品種がある。ナデシコ類はほとんどが年一回しか咲かぬ一季咲きで、本来のセキチクも五月に咲く一季咲きだが、周年咲き続ける四季咲き性のものが見いだされ、「常夏（とこなつ）」と称して江戸時代に流行し、多くの品種が作られた。一方、弁周の切れ込みの一片一片が長く垂れ下がって咲く特異な花容のイセナデシコというのも江戸時代の産物で、これほど多様に改良されたナデシコも珍しい。

ヒガンバナ

Lycoris radiata

暑さ寒さも彼岸まで、とよく云われるが、涼風が立ち始める秋の彼岸頃になると間違いなく咲き出すのが、このヒガンバナだ。土手や田圃（たんぼ）の畦などに群生して、真っ赤な花を群れ咲かせる様子は見事の一言に尽きる。花時が訪れると、葉が出る前に花茎を伸ばし、その頂きに、真っ赤な六弁の花びらを放射状にくるっと反転させて咲かせ、長く曲線を描くように赤い蕊（しべ）を伸ばす。その複雑な花容は、まさに自然が創り出した造形の妙とも云える美しさである。

このヒガンバナ、東北南部から西の方へかけて広く分布していて、すっかりわが国の植物然とした顔をしているが、元々は中国原産の球根草花で、非常に古く、わが国へ入ってきたものである。どのようにして入ってきたかには二説ある。一つは人手によって持って来られたという説。もう一つは、球根が大陸より海を渡って流れ着いたという説。どちらが本当かは定かではないが、私は後者の流れ着いた説をとりたい。中国で、このヒガンバナが最も多く野生しているのは、揚子江の中流域だそうだ。洪水で、揚子江の土手に群生していた球根が土手崩れと共に流され、やがて海に出ると対岸はわが国の九州である。ここへ流れ着き、居着いて野生化したものが、東へ東へと分布を広めたというわけである。人手による渡来説でも、まず九州へ渡来したと云われるから、いずれにしても、わが国でのスタート地点は九州であることは、ほぼ間違いない。

ヒガンバナ
Lycoris radiata

和名：ヒガンバナ
科名：ヒガンバナ科
属名：ヒガンバナ属

別名：マンジュシャゲ、ハミズハナミズ、
シビトバナ、ソウシキバナ
生態：多年草
学名：*Lycoris radiata*

野生植物が分布を広めるのは、原則として種子を飛び散らせることによるが、不思議なことにヒガンバナは不生女（うまずめ）植物で種子がならない不稔性植物。球根ではよく殖えるが、自然状態では、いくら殖えたとしてもいつも同じ場所の土の中で、移動はできない。ところが、実際には東北南部まで広がっている。昔は、このことが一つの謎とされていたが、その後、何と人手によって分布が広がったということが解った。人々が引っ越しをするたびに、この球根を持って行き、新居近くの田圃の畦や土手に植えたのである。野生地を見ると、人里近くに多いのはそのためだ。ということは、人々の生活に何か役立つことがあるに違いない。この球根は浮腫（むく）み取りなど、薬用として用いることもあるが、良質の澱粉を多量に含んでいて、饑饉（ききん）の多かった昔、いざという時の救荒食糧としてこの澱粉を利用したという。ところが、この球根にはリコリンというアルカロイドが含まれるため、かなり毒性の強い有毒植物である。が、澱粉には毒性がない。昔の人は、この有毒な球根から、無毒の澱粉だけを取り出す工夫をしたようだ。これには中毒を起こした人もかなりあったであろう。そこまでする必要があるほど、昔の人たちの生活は厳しかったわけである。

国内に分布を広めた理由は、これによって解決したわけだが、私が流れ着いた説をとりたいのには、ほかにも理由がある。ヒガンバナ科の植物には海流によって、その種子や球根が流されて分布を広める種類がよくあるからだ。わが国暖地海岸に野生するハマユウの起源はアフリカにあり、この果実がインド洋を経てオーストラリア、南太平洋諸島、さらに北上して小笠原諸島、そしてわが国本土の太平洋岸にたどり着いて、それぞれの種類が分化したようだし、太平洋側暖地海岸や一部日本海側の越前海岸、隠岐島海岸に野生するニホンズイセンは、中国福建省の海岸に野生するシナズイセンの球根が海に流され、黒潮に乗ってたどり着いたのが期限とされる。これら二種類は共にヒガンバナ科の植物である。どうやらヒガンバナ科植物は、航海をするのがお好きらしい。以上が、ヒガンバナの流れ着いた説をとりたい理由であるが、どうだろうか。

ヒガンバナは地域地域によって、いろいろな名前が付けられていて、その数五十以上にも及ぶという。マンジュシャゲ（曼珠沙華）は梵語（ぼんご）で「赤い」という意味で、これはその赤い花に由来する。ハミズハナミズ（葉見ず花見ず）という名は、花時に葉が出ておらず、花後の葉時には花がないという、その性質を端的に表現した名だ。このほかシビトバナ（死人花）とか、ソウシキバナ（葬式花）とか、縁起の悪い名が多いのは、この花が墓地に咲いていることが多いからだろう。そのために、この花、めでたい色の赤い花であるにもかかわらず、縁起の悪い花として嫌がる人が多い。これはヒガンバナには気の毒なことで、何も好んで墓地に生えているのではない。人によって植えられたもので、これがなぜ墓地に植えられるようになったかは諸説がある。ちょうど彼岸頃に咲くので、供え花として植えたという説と、有毒植物なるがゆえに、土葬の多かった昔、狼や野犬などによる墓荒らしを防ぐためとも云われるが、どうも供え花として植えたのが正しいように思う。

この仲間で、やはり中国原産でわが国に帰化したナツズイセンというのがある。信州に野生が多く、ピンク色の花を夏に咲かせるこの花は、同地方では盆花とも云われ、花時はちょうど盆の頃でヒガンバナ同様、墓地に咲いていることが多い。

ヒガンバナをめでたく楽しむ方法がある。この仲間のシロバナヒガンバナを一緒に植えることだ。そうすると紅白で咲いてくれ、めでたくなるだけでなく、見た目にも美しい。

リンドウ

Gentiana scabra var. buergeri

私が小平の地に移り住んだ四十年前の頃は、赤松林があり、雑木林があり、往事の武蔵野の面影を濃く残していた。林下をそぞろ歩けば、春にはスミレが微笑み、キンラン、ギンランが秘めやかに咲き、夏にはヤマユリの白い花が風に揺らめき、野鳥の囀(さえず)りに耳を傾けたものだ。秋が深まり、木々の葉が色づき、やがて木枯らしと共に葉を落とす頃、林の下草の中から細い茎を伸ばして、その頂きに紫紺の花を、一年の最後を締めくくるように、静かに咲かせるリンドウの花があった。それは侘びしさと共に、心に残る晩秋の粧(よそお)いであった。

リンドウはわが国各地の山野に野生する秋を代表する花だが、なぜか秋の七草の選からは漏れてしまった。秋の七草の多くが初秋の花であることからか、あるいは山上憶良の好みではなかったためか。私ならば、まず、このリンドウを秋の七草の一つに挙げたであろう。

リンドウの仲間は、北半球はもちろん南半球に至るまで多くの種類があるが、花時によって春咲き種、夏咲き種、秋咲き種とに大別される。春の項で書いたフデリンドウなどは、代表的な春咲き種だが、このリンドウは秋咲き種の代表と云える。

紫紺の花が美しく、花の少なくなる秋深まって咲くために、古くから庭植えにされたり、茶花などにも用いられてきて、少し前までは山野草として扱われてきたが、地域的な変異が多く、九

リンドウ
Gentiana scabra var. buergeri

和名：リンドウ
科名：リンドウ科
属名：リンドウ属
別名：エヤミグサ
生態：多年草
学名：*Gentiana scabra var. buergeri*

州辺りの丈の低い矮性種が改良され、鉢花用として大量栽培されて多く出回るようになってからは、すっかり園芸用宿根草に変身してしまった。最近では、毎年のように改良品種が登場し、花色も紫紺のほか、白花や桃色花のものもあるし、大輪咲き品種も登場している。

一方、切り花として大量栽培され、早い時期から売られているものもあるが、これは亜高山性種のオヤマリンドウや、近頃では北海道に多く野生するエゾリンドウとその改良種である。切り花栽培の最も盛んなのは岩手県のようで、リンドウ専門の試験場まであり、品種改良、栽培、繁殖の研究が行われていて、もはや山野草と云うよりも、完全に園芸植物化されてしまった感がある。これら切り花用種は、丈高く、茎は剛直で、花づきよく、花色も冴えた青色で美しいが、リンドウらしい風情は野生のものには及ばない。

リンドウは漢名で「竜胆」と云い、リンドウの名も竜胆の唐音から転化したものだそうだ。この根は漢方で竜胆根と称し、古来、健胃剤として用いられているが、西洋でも古くから同様にして使われていてゲンチアナ根と云う。ゲンチアナ（*Gentiana*）とはリンドウ属の属名で、西洋ではどの種類が薬用として使われていたのかは寡聞にして知らないが、同じリンドウ科のセンブリが昔から民間薬として健胃剤に用いられているところから察すると、この種類には健胃効果のあるものが多いのではないだろうか。

わが国にはリンドウのほか、秋遅く咲く種類で、中部以南に野生するものにアサマリンドウというのがある。リンドウより丈低く、同じく紫紺の美しい花を咲かせる。アサマリンドウというと、信州の浅間山産かと思いがちだが、この「アサマ」とは伊勢の朝熊（あさま）山に由来する。学問的には植物名は片仮名で記載することになっているが、地名が植物名に付けられた場合には、片仮名ではなく漢字で書いてもらわぬと誤解してしまいやすい。これと全く同じように、ツゲの別名にアサマツゲというのがあり、これも浅間山ではなく朝熊山に多いために付けられた名前である。

リンドウ属は、アフリカ大陸を除く各地に五〇〇に及ぶ多くの種類があると云われるが、ヨーロッパ・アルプスを夏に訪れると、花の美しい種類が多々ある。これらは夏咲きに入るグループで、同地ではエンチアンと称し、エーデルワイス、アルペンローズと共に三大名花の一つとされている。代表的なのが、草丈一〇センチメートル足らずで、藍青色の大輪花を咲かせるクルーシー種（*clusii*）、それによく似たアコーリス種（*acaulis*）、それに目も覚めるような青色の美しい花を咲かせるウェルナ種（*verna*）がある。これらは小型種であるが、草丈が高く伸びて赤紫色の花を咲かせるプルプレア種（*purpurea*）やパンノニカ種（*pannonica*）などがあり、この仲間では珍しい黄色花のプンクタータ（*punctata*）、リンドウの花とは思えぬ細弁で星形の黄色花を咲かせるルテア種（*lutea*）などもある。変った花色のものでは、カナダからアラスカへかけて分布するグラウカ種（*glauca*）というのがあり、草丈は一五センチメートルぐらいの小型で、くすんだ青インクのような色の花を咲かせる。初めてこの花を見た時、何とも不思議なリンドウだと思ったものだ。

わが国ではリンドウの改良が盛んで、すっかり園芸植物になってしまったが、晩秋の林下に咲くリンドウにこそ、本来の美しさがあるように思う。リンドウが咲き終ると秋も終り、冬の訪れとなる。

クズ
Pueraria lobata

旧盆も終り、八月も下旬になると、信州の地には、はや秋を告げるようにススキが穂を出し始める。そんな頃、北信の山奥の村へ出掛けた時のことだ。急な登り道をうつむきながら歩いていると、前方の細い山道がピンク色に染められているではないか。何だろうと近寄ってみると、一面、クズの花が敷きつめられている。立ち止まってふと見上げると、立木にクズがからみついて、今を盛りと花を咲かせていた。その花が舞い落ちて、小路をピンクの絨緞(じゅうたん)に染め上げていたというわけだ。甘い香りが漂い、何とも云えぬその眺めは、今もって忘れ得ぬ想い出である。

クズは、わが国至る所の山野はもちろん、都会地の空地にまで野生するマメ科の蔓草(つるくさ)で、太い蔓を縦横にはびこらせ、三枚の小葉からなる大きな葉を茂らせるため、他の植物を圧倒してしまい、これがはびこりだすと始末に負えなくなることもある。雑草と云えば雑草だが、名前はクズでも屑(くず)にならないほど有用な植物でもある。まず、その太く長く伸びる蔓は強靱な繊維を持ち、昔は縄代りに用いられていたし、その繊維を利用して葛布が作られていた。地下には太い根があり、良質の澱粉を含むため、葛粉として食用にもされる。葛餅は、この澱粉を加工したもので、黄粉と糖蜜をかけて食べるその味わいは、独特の舌触りと風味があって喜ばれる。この根を刻んで乾かしたものは「葛根」と称し、薬用として用いられる。風邪薬として有名な葛根湯(かっこんとう)の原料で

クズ
Pueraria lobata

33

和名：クズ　　別名：ウラミグサ
科名：マメ科　　生態：多年草
属名：クズ属　　学名：*Pueraria lobata*

ある。子供の頃、風邪をひくと、祖母が砂糖を入れた葛湯を作ってくれた。子供心に、そのとろみのある甘い味が忘れられず、ひいてもいないのに、風邪をひいたと云っては祖母に葛湯をせびったのも、懐かしい想い出である。

過日、韓国を訪れた時、大通りで葛の根を絞って、その汁を飲ませる屋台があった。何でも強壮の効果があるということで、サラリーマンなどが行きがけに飲んでいくそうで、飲んでみないかと云われたので、早速試してみた。どす黒いようなその汁は見るからに不味そうで、ちょっと躊躇いはあったが、「えい、ままよ」と一気に飲み干してしまった。が、何ともその不味いこと、渋くて灰汁っぽく、よくこんなもの飲めるなア、と妙に感心してしまった。しかし、向うの人達にとっては、まさに健康飲料なのだろう。

蔓、根共に、このようにして利用されてきたが、その葉は栄養価が高く、牛馬の飼料に最適とも云われる。ただし、わが国では牧草としてはあまり重視されていなかったようだ。ところが、以前、アメリカでこれに目をつけ、わが国から大量にクズの種子を輸入し、牧草として栽培されたことがある。何年か牧草として栽培してから、ここを開墾して畑にする。マメ科植物は、根粒菌の働きによって重要な肥料分である窒素が固定されて土に補給される。そのためにマメ科の植物を栽培した跡地は土地が肥える。というわけで、クズの跡地の畑は作物がよく育つわけだ。何ともうまいことを考えたものだ。ところが、これが後に厄介な問題を引き起こしたという。栽培したクズが野生化して、町中にまではびこり、それを退治するのに大弱りをしたそうだ。

以上はアメリカでの話だが、最近、日本のクズの種子が中国へ持って行かれ、大河の堤防を、洪水の決壊から防ぐために使われているという話を耳にしたことがある。中国にもクズはあるはずと思うが、どうやらわが国のクズが役に立っているらしい。あの横走する太い根が張れば、確かに堤防の崩れを防ぐのには役立つに違いない。

このように、はびこれば始末の悪い雑草と化すが、大いに役立つ植物でもある。名前はクズだが、屑にならぬ由縁である。

クズのことはよく知られていても、その花を知る人が意外に少ない。平地に生えるクズは地を這うように茂り、花はその葉陰に隠れるようにして短い花穂をつけるので、上から見ていると気づかないでいることが多いのが、その原因のようだ。ところが、山などで立木にからみついているところを下から見上げると、花が咲いているのがよく見られる。紫がかったその花は、優しく美しく、山上憶良が秋の七草の一つとして詠んだのも肯(うなず)ける。

以前、春の七草の寄せ植えを作って市場に出荷していたことがあったが、その市場から、秋の七草の寄せ植えを作ってくれと頼まれたことがあった。ほかの六種は小型種があったり、小作りにして使えるが、はたと困ったのはクズである。これだけは、どうにも小作りにして花を咲かせることができそうにない。結局、あきらめて断ることになってしまった。どなたか、寄せ植え向きに小作りする方法があれば、教えを請いたいと思う。

因みにクズの名は、大和の国の栖(くず)という地名に由来し、昔、ここの人達が葛粉を作って売りに歩いたためと云われる。

ススキ
Miscanthus sinensis

中秋の名月の夜、古くからお月見をする習わしがある。満月に模した丸い月見団子と、蒸した衣被(きぬかつぎ)を供えると共に、ちょうどその頃に穂を出すススキを飾る。真ん丸な満月の円と、繊細なススキの線とのコントラストは、美の極致の一つとも云えよう。

ススキは古名、オバナ(尾花)と云う。秋の七草にも、その名で登場する。その花穂が動物の尾を連想させるところから名付けられたのだろう。別にカヤとも云われる。茅葺(かやぶ)き屋根というのがあるが、これは茅すなわちススキの稈(わら)で葺いた屋根のことで、萱葺きとも書く。ススキのことを薄、萱、または菅の字を当てることがあるが、これは誤りで芒と書くのが正しいようだ。

ススキはわが国各地に野生し、大群落を作り、秋の訪れと共に、トウモロコシの雄花に似たより繊細な穂を出す。その姿は優雅で、独特な風情と秋の情緒があり、月見の時ならずとも切り花にして生け花にも使われる。変種に、花穂が紫赤色のものがあり、ムラサキススキと云う。このほかにも変種があり、葉が細く、やや小型のイトススキ、屋久島産の最も小型で草丈二〇センチメートルほどのヤクシマススキ、葉に白い縞斑(しまふ)の入るシマススキ、面白い矢羽型の斑が段状に入るヤバネススキ(別名:タカノハススキ)などがあって、これらはいずれも鉢植えや庭植えとして楽しまれている。また、八丈島などに多い、密集した大きな房状の穂となるハチジョウススキ

ススキ

Miscanthus sinensis

和名：ススキ
科名：イネ科
属名：ススキ属
別名：オバナ、カヤ
生態：多年草
学名：*Miscanthus sinensis*

も一変種とされ、暖地では半常緑となるようだ。

昔は、武蔵野台地には木が少なく、ススキの群生地であったと云われ、このススキ原を開墾して畑地にしたというが、ススキの株は根が張っていて、これを抜き取るのは、現代のように機械のなかった時代では大変な労力であったろう。当時の家の屋根は多くが茅葺きで、一軒の屋根を葺くには大量のススキの稈が必要であった。そのために村落ごとに茅場が設けられていたという。地名や苗字に、茅場や萱場というのがあるのも、この辺りに由来するようだ。

このように、ススキは雑草というよりも、昔の人の生活に大いに利用されていた有用植物でもあったわけである。屋根材として多く用いられたほか、その硬い稈を利用して山家では炭俵を作るのに用いたし、農家では冬期の霜除けにもよく利用した。

ススキ属（ミスカントゥス属 *Miscanthus*）には、わが国中部以西に野生し、冬も葉をつけている常緑性のヤポニクス（*Miscanthus japonicus*）＝「日本産の」と名付けられたトキワススキ、オギ（荻）と呼ばれる湿地や水辺に多く生えるもの、また刈りやすいというところから名付けられたと云われるカリヤスなどがある。このように、ススキ一族は、けっこう種類が多い。

ススキは極めて丈夫な植物で、抜き取るのに大層骨が折れるが、樹木などが茂って日陰になると、いつの間にか消えてなくなってしまう。私が世話になっている寺の参道の両側には、かつてススキが生えていたが、境内の樹木が茂ると共に、いつの間にか一株残らず消え去ってしまった。大きく茂るススキの株は、虫達の恰好の住処となっていて、この参道のススキには毎年クツワムシが住み着き、夏になるとガチャガチャとうるさいほどに鳴いていたものだが、ススキが消えると共にその鳴き声も聞かれなくなってしまった。武蔵野一帯も家が建ち並び、開発が進むと共に、あれほど多かったススキも、とんと見掛けなくなり、今ではあのクツワムシの鳴き声が懐かしく感じられる。

ススキといえば、この株に寄生する面白い植物がある。ナンバンギセルだ。ススキの株元から一五センチメートルほどに伸びる白い茎を立て、その先に、ほぼ直角に淡い紫紅色の筒状の花を咲かせる。その姿が大変愛らしく、観賞用として小型のヤクシマススキの株に生やした鉢植が売られていることがある。葉はなく、全く葉緑素を持たぬ植物で、ススキやミョウガなどに寄生して、宿主から養分をもらって生活している、動物界で云えば寄生虫的存在の植物である。ススキに多く寄生するために、ススキが消滅すると宿主と共に消え去ってしまう。このナンバンギセルの名は、花の咲いた時の姿が煙管(キセル)に似るところから付けられたものだが、南蛮とは外国を意味するので、西洋のパイプを連想したのかもしれない。また、その花の姿が首を傾げて物思いに耽るのを思わせるところから、古くは「思い草」とも呼ばれ、万葉集にも登場することから考えると、よほど古くから愛されてきた野の花の一つと云えよう。この仲間はハマウツボ科に属し、この科の植物はすべて葉緑素を持たない寄生植物である。

以前、友人の車に乗って、夕暮れのうす暗くなる頃、岩手山麓を走ったことがある。山麓一面、ススキの大群落で、咲き終って老けたススキの穂が、夕闇にほの白く風に揺られる姿は、まさに枯尾花、その妖艶な美しさは今でも忘れられない。

ミゾソバ
Polygonum thunbergii

晩夏から秋へかけて、里山の溝地などに、うす紅色の蕎麦(そば)に似た花を咲かせている野草をよく見掛ける。ミゾソバの花だ。溝の中から這い出るように茎を伸ばし、時には一メートル近くにまで伸びる。茎の節々から小枝を出して、その頂きにごく小さい花を十輪から二十輪ぐらいかためてつける。わずかに五弁に開くが、花びらに見えるのは実は萼(がく)で、本当の花びらはない。伸びる茎は赤味を帯びていて、細かい逆さ刺(とげ)があり、手でこすっても痛いというほどではないが、ざらついた感じがする。葉は戟(ほこ)の形をしていて、それが牛の顔に似ているところから、ウシノヒタイという別名がある。

このミゾソバの変種に、ミゾソバより大柄なオオミゾソバというのがあって、同様に溝地などの水辺に生える。このオオミゾソバは変った性質の持ち主で、地中枝を出して、そこからさらに小枝を出し、その先に花ではなく、直接果実をつけるという、いわゆる閉鎖花を出す習性がある。この閉鎖花はスミレ類に多く、春の花後、夏になると花を咲かせずに果実をつけ、ここに実った種子で繁殖することが多い。スミレ類のほか、キク科のセンボンヤリなども閉鎖花をつける。オオミゾソバの花はミゾソバ同様だが、わずかに大きい。同じく戟形の葉をつけるが、この葉には八の字形の黒斑がある。この斑紋はミゾソバにもあるが、こちらの方がより目立つ。

ミゾソバ
Polygonum thunbergii

41

和名：ミゾソバ
科名：タデ科
属名：タデ属（イヌタデ属）
別名：ウシノヒタイ
生態：1年草
学名：*Polygonum thunbergii*

ミゾソバのように水辺に好んで生え、小花を頭状につけるものには、このほかにもいろいろな種類があり、ミゾソバと間違えることがある。サデグサは同じ戟形の葉をしているが、葉のつく節々に受け皿のような円形の托葉（たくよう）がつくのが一つの区別点だ。また、茎につく逆さ刺は触るとチクチクと痛みを感じる。サデグサの名も、撫でさすると痛みを感じるところから名付けられたという。この刺がさらに鋭くて、ぬるぬるとして摑（つか）みにくいウナギでも、この茎を利用すれば摑みとれるというところから名付けられたウナギヅル（ウナギツカミとも云う）というのもある。初夏に咲く花はミゾソバに似るが、花色は濃く、葉が細長く戟形ではない。これによく似て秋に咲く、アキノウナギヅルという別種もあり、さらに葉の長いナガバノウナギヅルというのもある。名前がよく似ていて間違えやすい近似種に、タニソバやミヤマタニソバという種類もある。前者は小型の長三角形の葉をつけるが、秋深まると共に美しく紅葉する。後者の方は、名のように山間渓谷などの日陰地に野生し、葉は広三角形で長めの葉柄があり、他種が淡紅色の花なのに対し、これは白い花を咲かせる。以上の種類は、いずれも一年草で、毎年種子がこぼれ落ち、春に芽を出して世代交代をすることになる。

同じくソバという名を冠したもので、最近、鉢物として市販されるようになったヒメツルソバというのがある。元々は中国南部原産のタデ属（ポリゴヌム属 *Polygonum*）の一種で、よく枝分かれする茎は地を這うように茂り、秋が深まると、茎の先々に深紅色の小花を密集させた頭状花序の花をつけ、花盛りの時には株一面、花で覆われるようになって大変美しい。かつて雲南の地を旅した時、石垣の間に生えたヒメツルソバが、長く垂れ下がって茂り、一面に花を咲かせているのを見たことがある。

近頃は、日当りのよい家の南側などにヒメツルソバが植えられているのを見掛けるが、秋の陽射しを受けて一面に咲く様は、思わず足を止めて見入ってしまうほどだ。元来は多年草だが、南中国産のためか寒さには弱く、霜が降りると枯れてしまう。ところが翌年になると、いつの間にか茂りだし、秋深まると再び一面に花を咲かせる。冬には地上部は枯れても根株だけが残って、春に再び芽を出して茂るのかというと、さにあらず。株は寒さで完全に枯死してしまう。芽が出るはずがない。実は種子がこぼれて、春に芽を出して育つのだ。したがって、一回植えておくと、毎年こぼれた種子で生え、あたかも多年草のようになる。殖やすには、種子ではもちろんのこと、挿し芽でも容易に根づくので、殖やす気になれば、簡単にいくらでも殖やせる。

ヒメツルソバは「姫蔓蕎麦」の意で、四国、九州などの暖地海岸に野生するツルソバという種類があり、これに対して小振りであるところから、この名が付けられたようだ。ツルソバの茎は長さ一メートルにも伸び、地を這うように広く繁茂する。ツルソバは夏から秋へかけて白色の小花を球状に咲かせるが、ヒメツルソバのような観賞価値はあまりない。

信州は蕎麦どころと云われる。痩地でもよく育つところから、山国の同地では至る所で蕎麦が作られ、季節ともなれば、山畑の斜面がその白い花で覆われていたものだが、近頃は安価な輸入品に押され、蕎麦畑もめっきり少なくなったようだ。

いつであったたか、信州を旅した折り、蕎麦畑近くの溝地に淡紅色の帯のようにミゾソバが咲いているのに出会ったことがある。白い蕎麦の花と、淡紅色のミゾソバの花の映りのよさ、それは忘れ得ぬ旅の想い出であった。

ママコノシリヌグイ

Polygonum senticosum

植物名には、時々奇妙な名前や、すさまじい名前を付けられたものがあって驚かされる。オオイヌノフグリなどは説明するのに少々気がひけるが、まあまあ愛嬌がある方だろう。ヘクソカズラは、まさに鼻をつまむ思いの名前だが、これもまだ許せる範囲だ。しかし、ママコノシリヌグイに至っては、すさまじいと云うよりほかにない差別的名称とも云えるだろう。

わが国各地の平地部で多く見掛ける蔓性雑草の一つで、茎は枝分かれしながら長く蔓状に伸び、ほかの草々を覆い隠すように茂る。この蔓には鋭い逆さ刺が細かくついていて、これを取り除こうとすると、引っ掻き傷だらけになって閉口する。素手では、とても太刀打ちできない。ママコノシリヌグイなる名も、この始末に負えない逆さ刺がどうにも我慢できない、という苛立たしさから付けられたに違いない。これで継子の尻をぬぐうというのだから恐ろしい。

わが農園にも、このママコノシリヌグイ、やたらと生えてくる。ビニールハウスの脇などに生えたものは、いつの間にやらハウスの屋根にまで這い上がり、暑い夏の日除け代りをしてくれてよいか、などと呑気なことを云っているうちに、ハウスの中にまで入り込んでくる。そばを通ると、腕に触って引っ掻き傷だらけ。さすがに閉口して、取ろうとすると、またまた引っ掻き傷。蔓草の雑草は取り除くのに骨が折れるが、このママコノシリヌグイは、その上に逆さ刺があって

ママコノシリヌグイ
Polygonum senticosum

45

和名：ママコノシリヌグイ	別名：トゲソバ
科名：タデ科	生態：1年草
属名：タデ属（イヌタデ属）	学名：*Polygonum senticosum*

始末に悪い。

　というように、雑草の中では厄介者の一つだが、その名に反して、咲く花の何と可憐なことか。うす紅色の細かい小花が密集して球状につく株は、ミゾソバによく似ていて、逆さ刺さえなければ、意外に愛らしき野の花の一つと云える。この小さな一つ一つの花は、ほかのタデ類同様に無弁花で、萼が花びらの代りとなっている。うす紅色の花色も、萼の色ということになる。花後、小さな球状の果実をならせ、熟すと黒く色づく。

　学名のポリゴヌム・センティコスム（*Polygonum senticosum*）のセンティコスムとは、「刺が密生している」という意味で、この目立つ逆さ刺があるゆえだ。

　このママコノシリヌグイに近いものに、イシミカワというのがある。長く伸びる蔓を持つ一年草で、各地に野生し、やはりママコノシリヌグイ同様、葉柄や蔓に逆さ刺が密生し、これも取り除くのに厄介な雑草となる。両種よく似ているが、イシミカワは、花は緑白色で、短い穂をなしてつける。葉はどちらも三角形だが、ママコノシリヌグイの方が細長い。また、葉の付け根につく托葉にも違いがある。ママコノシリヌグイの托葉は小さくて茎を抱くように片側につくが、イシミカワの方は丸い楯形で、茎の周囲を回ってつくために、托葉の中から茎が突き抜けているように見える。花穂の付け根にも、この丸い托葉がつき、皿の中に花穂が立っているという感じだ。

　このイシミカワ、花の色は地味だが、花後に実る球形の果実が熟すと、これを包み込む萼（宿存萼と云う）が美しい瑠璃色となって、宝石を見るような美しさがある。イシミカワの学名はポリゴヌム・ペルフォリアトゥム（*Polygonum perfoliatum*）と云うが、種名のペルフォリアトゥムとは「貫く」という意味で、丸い托葉から茎が突き抜けるように伸びる様から名付けられたものだろう。

イシミカワの茎は托葉からの突き抜き型だが、対生する左右の葉が癒着して一枚になって茎が突き抜けるようになる植物が時々ある。フェンスなどにからませて、観賞用として花を楽しむスイカズラ科のツキヌキニンドウ、切り枝が装飾用としても使われるツキヌキアカシア、オトギリソウの仲間のツキヌキオトギリなどがある。

ママコノシリヌグイとは極めて差別的名称で、今日、このような名前を付けたら顰蹙（ひんしゅく）を買ってしまうだろうが、ある植物のドイツ語名にこれによく似たのがある。冬から春の花壇に欠かせない草花に、おなじみのパンジー（Pansy）がある。このパンジー、ヨーロッパ一帯に野生するサンシキスミレを基に改良されたスミレで、「パンジー」はフランス名パンセ（Pensées）に由来するが、ドイツではシュティフミュッテルヒエン（Stiefmütterchen）と云う。シュティフミュッテルヒエンとは「継母」のことを指し、邦訳すれば「ママハハスミレ」ということになる。野生のサンシキスミレの花は、上の花弁は地味な紫色をしていて、下の三弁は黄、白、青などに彩られて華やかである。地味な上二弁を粗末な着物を着せられた継っ子に、下三弁を華やかな着物を着せられた連れっ子に見立てて、このように呼ぶようになったらしい。

フランス名のパンセは、「考える」とか「思想」という意味があり、これはギリシャ神話にある「神が地上に天使を遣わして、野に咲くスミレ（サンシキスミレ）に、世に遍（あまね）くより高き思想と愛を広めよと命じた」という話に由来すると云われる。

植物名の語源が、国によってかくも異なるのも面白いことだ。同じ継母の名が付けられていても、ママコノシリヌグイの方はあまりにも残酷すぎていただけない。

イヌタデ

Polygonum longisetum

夏から秋へかけて路傍や空地、畑など、至る所に、数多く枝分かれした茎の先に、桃紅色の小さな米粒のような花をぎっしりとつける野の草を見掛ける。イヌタデの花だ。茎は半ば地を這うようにして茂り、茎先をもたげて三〇～五〇センチメートルほどに伸びる。

蓼（たで）の仲間は大変種類が多く、その中で最もポピュラーなのが、このイヌタデであろう。イヌタデが正式な名であるが、一般にはアカノマンマと呼ばれ、こちらの方がよく知られている。イヌタデとは「役立たずのタデ」という意味で、イヌタデにとっては無粋で少々気の毒な名だが、アカノマンマは、その米粒のような桃紅色の小花を赤飯に見立てて付けられたもので、こちらの方が親しみやすいし、この名が一般化しているのも肯ける。

どこにでも見られる雑草扱いにされている草だが、この花、野の草の中では、なかなか風情があって目を楽しませてくれる。畑などに生えると、雑草として引き抜かれてしまう運命にあるが、雑草にしておくには惜しい野の花の一つと云える。この仲間の、ごく小型の種類にヒメタデと呼ばれるものがあり、小鉢植えにされたものが時々市販されていて、山野草愛好家に好まれる。

イヌタデは「役立たずのタデ」とされてしまっているが、それならば役に立つタデというのがあるはずだ。その一つがヤナギタデという種類で、川辺などの湿地に生え、葉に特有の辛味が

イヌタデ
Polygonum longisetum

和名：イヌタデ
科名：タデ科
属名：イヌタデ属
別名：アカノマンマ
生態：1年草
学名：*Polygonum longisetum*

あって、古くから刺身のツマなどによく用いられるし、鮎の塩焼きといえば蓼酢が付き物で、古来、重要な辛味料として使われてきた。別にホンタデやマタデの名があるのも、この有用性からであろう。この辛味料として用いるタデは、水に浸かって育つ変種の川蓼系のもので、種々の品種があるようだ。

「蓼食う虫も好き好き」という諺があるが、これは、この辛い葉を食べる物好きな虫がいる、というところから云われるようになったのであろう。だが、寡聞にして、これがどんな虫なのか、私はよく知らない。

さて、もう一つ、古くから役立ってきたタデがある。染料として用いられるアイがそれで、その葉汁が藍染めに使われる。元々は中国渡来の一年性タデの一種で、その利用法と共に、古くわが国へ伝えられ、藍染めが始まった。最近は、染料に化学染料が多く用いられるようになって、植物染料は実用的にはあまり使われなくなり、その栽培も往時のようには行われなくなった。が、草木染めの流行と共に、この藍染めも染織家の手によって復活の兆しがある。本物の藍染めには、化学染料にはない深みのある味わいがあるし、洗えば洗うほど味がでるという。このアイは、中国からわが国へ渡来した植物であるが、元来はインドシナ半島が生れ故郷と云われる。学名はポリゴヌム・ティンクトリウム (*Polygonum tinctorium*)、種名のティンクトリウムとは「染物屋」という意味で、まさに植物染料の代表的な植物と云えよう。

タデ類には、その花穂がミゾソバのように球状になるものと、イヌタデのように穂状になるものとがある。穂状型には、イヌタデやアイ、ヤナギタデのほか、イヌタデに似ているが葉が細く、花穂も細いホソバイヌタデ、やはりイヌタデに似て茎が立って伸び、淡紅色の小花が梅花状に開くハナタデ、同じように淡紅色の花が開いて咲き、しかもタデ類の中では大輪の美しい花を咲かせるサクラタデなどがある。

愚か者のことを「ぼんつく」と云うが、これが転化して名付けられたものにボントクタデというのがある。面白い名だが、これもイヌタデと同じ意味で、辛味料として利用されるヤナギタデに対して、辛味がなく役立たずということから、ボンツクタデ→ボントクタデになったようだ。ところが、愚か者にされてしまったこのタデ、葉に目立つ黒班があり、長く枝垂れる細い花穂に、あらく淡紅色の縁取りのある白色小花をつけ、果実が実る頃になると宿存萼（しゅくそんがく）の上部が赤くなって、けっこう美しい。こうなると、ボンツクの名が気の毒に思える。

昔の子供達は、クローバーやレンゲソウなどの花を摘んで、花冠を作ったり、笹の葉舟を流したり、いろいろな草遊びをしたものだが、イヌタデの花も、その遊び道具の一つとされていた。女の子は飯事（ままごと）遊びが好きだ。イヌタデの花が咲きだすと、これを採ってきて、小さな器に盛って赤飯に見立てて遊ぶ。それこそアカノマンマである。アカノマンマの名の方が知られているのも、この飯事遊びによるものと思う。

オオケタデ

Polygonum orientale

タデ類には、草丈一メートルを超す大型種が時々ある。その中で最も大型なのが、このオオケタデで、時に二メートルほどにもなる。その名は「大毛蓼」の意味で、茎葉に微毛があり、大きく育つところから付けられた名だ。

晩夏の頃から太い茎を立て、先々で枝分かれするその先に、淡紅色の小花を太めの花穂に密につけ、垂れるようにして咲く。その姿が大変美しく、独特の風情があって観賞用としてよく庭植えにもされる。元々は深紅色の花だが、濃色の品種があって、これをアカバナオオケタデと称し、観賞用には、こちらの方が多く植えられる。

原産地はインドから中国にかけての東アジアで、わが国へは古く渡来して各地で野生化した帰化植物の一つである。

このほか、白花のものや斑入り葉のものもあって、大型の一年生草花として楽しむのも面白い。庭などに一度植えると、こぼれ種子でよくあちこちに生えてくるほど丈夫な草で、すぐに野生化する。

葉はタバコの葉に似て大きく、この葉は虫に刺された時に、揉んでその汁を塗るとよく効く。わが家でも、観賞用というよりも、そのために、生えてくると抜かずに残しておく。草取りなど

オオケタデ
Polygonum orientale

和名：オオケタデ	別名：ハブテコブラ
科名：タデ科	生態：1年草
属名：タデ属（イヌタデ属）	学名：*Polygonum orientale*

をしていると、よく蜂に刺される。この時に、この葉汁を塗ると、ひどくならずに済んで大変ありがたい。別名としてハブテコブラという名があるが、猛毒を持つハブとコブラの二大毒蛇を合わせた名で、何とも恐ろしい名前だ。これは、わが国の毒蛇のマムシに噛まれた時の解毒用として使われたことに由来するというが、本当に効き目があるのかはよく解らない。マムシの名を使わずに、ハブとコブラの名を併用したのが面白いが、それほど効くということだろうか。

古くは、これをイヌタデと称したらしいが、今日のイヌタデとは別種である。

オオケタデほど大きくはないが、よく似た大型のタデにオオイヌタデというのがある。原野などによく見られる一年草で、紅紫色の小花を穂状に密生してつけて、オオケタデほど垂れ下がらないが、穂先がやや垂れて、タデ類の中ではオオケタデと共に美しいものの一つ。

大型のタデの中に、花が美しく、しかもよい香りを放つニオイタデというのがある。茎葉に細かい腺毛が密生して、この腺毛から香りが出るようだ。香草として利用したという話は聞かないが、香りを何かに利用できないだろうか。花穂はオオケタデやオオイヌタデほど大きくはないが、花色が濃い紅色で、タデ類の中では最も目立つ。香りと美しい花を持つタデとして、園芸化しても面白いような気がする。

ほかのタデ類とは趣きを異にするが、イタドリも同属の大型種で、各地の山野など、至る所に野生するおなじみの野草の一つだ。細い筍のような芽は酸味があり、春になると山菜の一つとして食べられるが、蓚酸（しゅうさん）による酸味であるため、食べ過ぎると体によくないと云われる。また、その黄色の根茎は痛みを取る薬として使われたことから、イタドリの名も「痛み取り」から付けられたという説がある。太平洋戦争中、食糧難であったことはもちろん、タバコにも不自由して、代用品としてイタドリの葉を乾燥して刻んだものが吸われたことがあった。お年寄りの愛煙家には、イタドリというと、この代用タバコを思い出す人が多いと思う。

北海道は、鮭、帆立貝、蟹など、美味なシーフードが多いが、その中の一つに雲丹(うに)がある。最近は雲丹の養殖が研究されているようで、この餌にイタドリの葉が用いられているということを聞いたことがある。いろいろな餌を与えてみたところ、イタドリの葉を最も好んで食べるそうだ。自然の状態では海藻などを食べているようだが、海の中にはイタドリは生えていない。どうしてイタドリが好きなのか、不思議なことだ。イタドリなら、北海道には大型のオオイタドリというのが至る所に群生しているから、もし、これが本当なら、餌に困ることはない。雲丹の餌にイタドリの葉を与えてみるなど、普通には思いつかないことだが、どうしてこのような奇想天外なことを考えたのか、その理由を知りたいものだ。

イタドリの花は、白い小花をあらく穂状につけ、あまり観賞価値はないが、時に紅色のものがあり、メイゲツソウ（名月草）と云う。

いつのことであったか、東京東部を流れる荒川に注ぐ新川岸辺りであったと思うが、そこに架かる橋を車で通った時、川岸一面に野生化したオオケタデの群落が花盛りであったのを見たことがある。川岸に沿って桃色の帯を伸ばしたようなその光景に、思わず車を停めて眺め入ったものである。

遠く大陸から渡来して、いつの頃からか居着いて野生化したオオケタデの花は、初秋の風物詩とも云えよう。

コブナグサ

Arthraxon hispidus

野の花の中には、目立たぬが、何か心を惹かれる草がある。コブナグサも、その一つだ。所々に生えて雑草扱いにされる草の一つでもある。

一年草で、芽吹いて伸び出す茎は、地を這いながら枝分かれして茂り、節々から根を出して、しっかりと大地を摑んでゆく。節々につく葉は先の尖った卵円形で、その付け根は茎を左右から包むようにしてつく。葉形が小鮒を思わせるところから、この名が付けられたという。何か心惹かれるのも、この可憐な名のためかもしれない。

秋が訪れると、伸びた茎先や葉腋から細い花茎を出して、メヒシバの花穂を小さくしたような茶筅形の紫色がかった花穂を出す。これがまた、何とも云えぬ可憐な姿で、風情がある。メヒシバの花穂もなかなか美しいが、これとは違った趣きがある。

このコブナグサ、雑草の一つとして畑や花壇に生えれば引き抜かれるが、染料用植物として使われることがある。伊豆七島の一つ八丈島、ここの名産品に黄八丈という織物がある。絹布に黄、茶などを縞模様に染め上げ、独特な深味と、粋な味わいがあって喜ばれる。近頃は化学染料で染めたものもあるようだが、本物は土と植物染料を用い、黄色の染料として、このコブナグサが用いられる。雑草扱いされる草だが、思いがけぬところで役立っているわけだ。

コブナグサ
Arthraxon hispidus

57

和名：コブナグサ	別名：カイナグサ、アシイ、カリヤス
科名：イネ科	生態：1年草
属名：コブナグサ属	学名：*Arthraxon hispidus*

同じイネ科でもコブナグサとは全く別属の植物であるが、何となくムードが似ているものに、チヂミザサというのがある。樹林下のような日陰地に好んで生える多年草で、枝分かれして伸びる茎はコブナグサのように地を這って茂り、同じように節々から根を下ろす。葉も先の尖った、やや長めの卵円形で、その付け根は葉鞘（ようしょう）となって、長く茎を包み込むように互生してつける。異なるのは葉に縮みがあることと、微毛（特に葉鞘部）があることだ。チヂミザサの名も、葉縁に縮みがあるからだが、この縮みと微毛のある様は、どこかソフトな感じで優しさがある。秋になると、茎先に直立する花穂を出すが、コブナグサとは違って針状の芒（のぎ）のある小花を穂状に綴り、この花穂にはコブナグサのような風情はない。加えて、この芒には果実が熟してくると、臭気のある粘液を出して衣服などにくっつく。野草の中には刺（とげ）や鉤爪（かぎづめ）を備えて、動物や人の衣服について種子が遠くまで運ばれて分布を広めるものがよくあるが、このチヂミザサは粘液によって付着するという変った方法をとっている。

植物は、あの手この手で己が子孫の分布を広めようとする。タンポポやカエデのように風を利用するもの、ホウセンカのように物理的に種子を弾き飛ばすもの、スミレのように種子を弾き飛ばすと共に、蟻（あり）によって運ばれるというご丁寧なものもある。液果の類は鳥によって食べられ、消化しない種子は糞と共に遠くまで運ばれて播かれる。そして、このチヂミザサやヌスビトハギ、イノコズチのように、動物や人の衣服について運ばれるものなど、その巧妙な仕組みには驚かざるを得ない。

チヂミザサの近縁種に、よく似てこれより小振りのコチヂミザサというのもあり、チヂミザサ同様、林下などの陰地に生えるが、こちらの方は葉鞘部にあまり毛がない。

イネ科の草の葉は、多くは細長い線状であるが、その点、コブナグサやチヂミザサの葉は短い披針状卵形でイネ科植物らしからぬ形をしている。

ところで、コブナグサにはいろいろな別名がある。カイナグサという別名は、古名「カイナ」に由来すると云われるが、この語源説は少々複雑である。染めることを搔くとも云い、カイナグサとは「搔成草」の転化という説があるが、これはかなり回りくどい説で定かではないらしい。おそらく、この草が染料として用いられることによるのだろう。また、「アシイ」という古名もある。これは「脚藺」の意で、膝曲して伸びる茎を脚に喩えた名だという説があるようだが、これも定かではない。このほか、カリヤスと呼ばれることもあるが、本当のカリヤスはススキの仲間である。

わが家の樹木類の植え込みの下に、今年もまた、地を這うようにコブナグサが茂ってきた。所々にチヂミザサも生えている。別に邪魔にもならぬので、そのままにしてある。最近、ガーデニングがはやると共に、カバー・プランツと云って、いろいろな下草を植えて茂らせることが盛んになったが、時々、このコブナグサやチヂミザサも、カバー・プランツにならないだろうかと考えることがある。特にチヂミザサなどは、葉が生い茂ると、けっこう見られるし、コブナグサは、その茶筅状の花穂が並び立つと、雑草と見るには忍びがたい趣きがある。だが、ことさらカバー・プランツとして植えるよりも、自然に生えて茂ってくれた方がよいものとも思う。

アカザ

Chenopodium album var. centrorubrum

わが国の野生植物の中には帰化植物であるにもかかわらず、日本原産然として野生化してしまっているものがよくあるが、このアカザもその一つである。

人の丈ほどにもなり、多数の枝を出して茂る大型の一年草で、茎は太く硬く、切り取って乾かすと木のようになる。中国生れの植物で、同国では昔、仙人が杖(つえ)にしたという云い伝えがある。いわゆる「あかざの杖」というのがこれだ。杖といえば、普通には樹木の幹や枝を用いるが、仙人の持つ杖がなぜ草であるアカザなのか、子供の頃から不思議に思っていたが、いまだによく解らない。たぶん、アカザの茎は乾かすと木質化して硬くなり、太さも手頃で杖にもちょうどよい、というところからだろう。

葉は、葉縁に浅い欠刻(けっこく)のある菱形で、頂部の葉は赤紫色に色づく。アカザの名も、ここから付けられたようだ。時に、赤ではなく、白く色づくものがあり、これをアカザに対してシロザ、またはシロアカザと云う。分類学上は、このシロザの方が基本種となっていて、種名のアルブム (*album*) は「白い」という意味である。アカザの方はこれの変種とされ、変種名は「中心が赤い」という意味のケントロブルム (*centrorubrum*) と名付けられている。大株に育つと、頂葉が色づいていても、それほど美しいとは思わないが、芽生えて間もない若苗では、その色合いが際

アカザ
Chenopodium album var. centrorubrum

和名：アカザ　　生態：1年草
科名：アカザ科　　学名：*Chenopodium album var. centrorubrum*
属名：アカザ属

立って目立ち美しい。畑などに生えると、大きく茂って、しかも大株になると根が張って引き抜くのに骨が折れる。小さいうちに見つけて抜くとよいが、頂葉の色がくっきりとして美しく、引き抜くのに躊躇(ためら)ってしまう。

茂ると厄介な雑草となるが、その若芽は昔から食用にされ、浸し物などにして美味だし、これを炊き込んだ「あかざ飯」というのもある。食糧難であった戦争中、よくこの若芽を摘んで食べたものだ。飽食の時代と云われる今では、山菜ばやりになっても、食用としてはほとんど見向きもされなくなってしまった。

このアカザ、食用にされなくなったためでもあるまいが、近頃は昔ほど見掛けることが少なくなったようだ。アカザの兄弟分にコアカザというのがあって、これも外来の帰化植物であるが、こちらの方は今でも、あちこちによく生え、アカザと見ればコアカザであることが多い。葉はアカザよりも細長く、小振りで頂葉は色づかない。食べても不味いし、よいところなしという、まさに雑草というところ。アカザより小柄で、茎も細めであるから杖にもならないだろう。

アカザ、コアカザ共に、およそ見映えのしない黄緑色の細かい花を穂状につけ、萼(がく)と雌雄蕊(しべ)のみの無弁花だ。アカザは初秋の頃に咲くが、コアカザの方はそれより早く、初夏の頃に花穂を出す。

アカザと同属のもので、わが国に野生するものが幾つかあり、河原などに生えるカワラアカザや、これにごく近い海岸の砂地で見掛けるマルバアカザなどがある。

ほかに、アリタソウというのがあり、これは中米原産で、古く薬草として渡来し、一時は栽培されたこともあったようだが、今では完全に帰化野生化し、雑草の一つとして扱われている。茎葉に強烈な臭気があって、駆虫剤として使われていたようだ。このにおい、いわゆる臭いというようなものではなく、鼻を突くような強臭で、一度嗅いだら二度と嗅ぎたくなくなる不快なにおいである。どんなにおいかと云われても、表現しにくいにおいで、あえて云うならば、ハーブの一つとして知られるルー（Rue 和名：ヘンルウダ）によく似たにおいだ。実際、ルーのにおいに似ているために、混同されてルーダ草という別名がある。本名のアリタソウは、渡来後、北九州肥前の有田地方で栽培されたためとも云われるが、定かではない。

わが家の農園にも、いつどこから入り込んだのか、このアリタソウが生えてくる。草取りをしていると、そのにおいで存在が解るほどの強いにおいで、引き抜く時には思わず息を止めてしまう。どうにも好きになれない雑草の一つだ。

子供の頃に住んでいた東京駒場の周辺は、東大農学部の農場があったために武蔵野の面影が濃く残り、あちこちに草地や空地があって、アカザも多く生えていた。よく母に云われてアカザを摘んできて、これが食卓にしばしば登場したものだ。今でも、たまにアカザを見つけると、母と共にアカザ摘みをしたことを思い出す。

雑草扱いにされる草だが、私にとっては懐かしい想い出の草でもある。

キンミズヒキ

Agrimonia pilosa var. japonica

バラ科の植物には、へえ、これバラなの？　と思えるほど、バラの花のイメージから懸け離れた花を咲かせるものがよくある。このキンミズヒキなども、その一つだ。

夏の終りから秋へかけて、五〇〜六〇センチメートルほどに伸びる茎先に、さらに、すうっと伸びる細長い花穂を立て、黄金色の小花を密集して咲かせるため、野の花の中では意外と目立つ。その名も、花色から金色の水引に見立てたものだ。

ただのミズヒキという植物もあるが、これは全く別のキンミズヒキとは関係のないタデ科の植物で、各地の林下などに野生し、細長い穂に紅色の小花をチラチラとつけ、その様子が赤い水引を思わせるところから名付けられたものだ。これの白花種を「シロミズヒキ」とは云わず、洒落(しゃれ)てギンミズヒキと云う。どちらも寂しげな花であるが、独特の風情があって和風庭園などに植えられることも多い。

キンミズヒキも、派手ではないが、黄金色に染まる花穂がけっこう美しく、近頃、鉢植えにしたものが時々売られ、山野草愛好家の間でも育てられている。各地に野生していて、草地などにほかの草々の中から、黄金色の花穂をすっと伸ばして咲く姿は、なかなか趣きがある。

このキンミズヒキ、わが国だけでなく、ユーラシア大陸の温帯域に広く分布しており、中国で

和名：キンミズヒキ
科名：バラ科
属名：キンミズヒキ属
生態：多年草
学名：*Agrimonia pilosa var. japonica*

は「竜牙草」と称して薬用植物の一つとしても扱われている。わが国でも民間薬として、その茎葉を煎じたものを下痢止めや、かぶれ、湿疹の時に、冷湿布をするのに利用されてきた。ハーブというと西洋のものとされやすいが、漢方で用いる薬草はすべてチャイニーズ・ハーブというわけだ。

葉は大小不ぞろいの奇数羽状複葉で、茎葉共に細かい毛がある。そして、その葉はちょっと大根の葉に似ている。大根の葉形というと、同じバラ科の多年草に、その名もずばり、ダイコンソウというのがある。大根の仲間かというと、さにあらず。葉は大根によく似て、花はキンポウゲに酷似している。花だけを見ると、キンポウゲの仲間と間違えやすいが、これなどもキンミズヒキ同様、バラらしからぬバラ科植物の一つだ。このほかにもヤブキショウマというのがあり、アワモリショウマやチダケサシなどのユキノシタ科のショウマ属（アスチルベ属 *Astilbe*）の仲間と思われがちだが、これも実はバラ科の植物である。「ショウマ」の名が付いているために、よけいに間違われやすい。

植物の名前には、キンミズヒキと云ってもミズヒキの仲間にあらず、ダイコンの名が付いていても大根とは全く別物、ヤブキショウマと云ってもショウマ類ではないなど、素人が見聞きしたら間違えやすいものが数多くある。最も煩わしいのは、ランの名を冠した植物だ。葉形や花形がラン類に似ていると、ラン科植物ではないにも関わらず○○ランということにされてしまう。ゴマノハグサ科のウンラン、ユリ科ではノギラン、ヤブラン、キミガヨラン（ユッカのこと）、オリヅルラン、タケシマラン等々、かなり多いし、多くの人達が、てっきりランの仲間と思い込んでいるクンシランはヒガンバナ科の植物である。ランは高貴な植物ゆえに、ランの名がすっかりラン用されてしまっているようだ。

年に数回、花好きの人々の案内役として、諸外国あちこちへフラワー・ウオッチングの旅をする。わが国にはない花々を見るのは、私にとっても無上の喜びで興奮を覚えるが、わが国にも野生する同種の植物にも、よくお目にかかる。日本にもある植物だからと無視しやすいかというと、そうではない。「おお、お前、ここにもいたか……」と、旧知の友に会ったような懐かしさを覚える。夏の巻で触れたクサノオウなどはヨーロッパ各地でお目にかかるし、高山植物として有名なチョウノスケソウやツマトリソウ、ミネズオウなどは、カナダ、アラスカからヨーロッパの山岳地帯まで、あちこちで出会う。

キンミズヒキは新大陸にはないようだが、ヨーロッパの山地を旅すると、よく見掛ける野草の一つで、当り前だが、わが国のものと同じ花を咲かせている。でも、なぜか新鮮な感じがするのが不思議だ。

わが家にも、植えた覚えはないのに、所々にキンミズヒキの花が咲く。以前、生い茂った雑草を取るよう、家人に頼んで外出したことがある。この中にキンミズヒキが数株混じっていて、「あれは残しておくように」と頼むのをうっかり忘れてしまった。帰宅してみると、雑草はきれいに取り除かれて、さっぱりとしていた。ところが、刈り取られたあとにキンミズヒキの株だけが残され、黄金色の花穂を風に揺らめかせる姿があった。

「ああ、残しておいてくれた……」

家人も、その花の美しさに惹かれて、抜き取れなかったのだろう。

ほっとすると共に、思わずほくそ笑んだ想い出がある。

ワレモコウ

Sanguisorba officinalis

キンミズヒキ同様、バラのイメージとは懸け離れたバラ科植物の話である。

秋の野辺に、枝分かれしながら一メートル近くに伸びる枝先に、球状で小指の頭ほどの小さな暗紅色の花をかためて咲かせる野草を見掛けることがある。ワレモコウの花だ。串の先に玉を付けたような姿は、どこか飄々(ひょうひょう)とした感じがあると共に、暗紅色の花色がいかにも秋の花という風情を漂わせる。山上憶良の詠んだ秋の七草の歌には登場しないが、もう一種増やして八草にしてよければ、真っ先に付け加えたいのが、このワレモコウである。

ワレモコウという名が、どういう意味かは計りがたい。一説によれば、「吾木香」の意だというが、木香とはモッコウバラのことだ。また、古くキク科の植物にワレモコウというのがあり、これがいつの間にか今日のワレモコウに変ってしまった、という理解しがたい説もある。このほか、「我亦紅」の意で、花は暗紅色で目立たないが、「我も赤いぞ!」と気張って自己主張しているから、という面白い説もある。どうも、「我亦紅」説の方が説得力があって、あの花を見れば、なるほどなアと肯いてしまう。

さて、このワレモコウの属するサングイソルバ属（ワレモコウ属 *Sanguisorba*）のサングイソルバには「血を吸いとる」という、いささか恐ろしげな意味がある。なぜ、そのような属名が付け

ワレモコウ
Sanguisorba officinalis

69

和名：ワレモコウ	
科名：バラ科	生態：多年草
属名：ワレモコウ属	学名：*Sanguisorba officinalis*

られたのかはよく解らないが、漢方では「地楡（じゆ）」と称し、その根を煎じた汁で口内炎や喉の痛みの時のうがい薬に使われている。吸血という意味はどうやら反対で、タンニンを多く含むため止血作用があり、西洋ではこれに用いたそうである。種名のオフィキナリス（*officinalis*）は「薬用の」という意味であるから、古今東西、薬用として重用されてきたことには違いない。

このワレモコウも、かなり広域に分布する植物で、新旧両大陸の温帯域から亜寒帯域へかけて野生し、私もアラスカやヨーロッパで見掛けたことがある。

地味な花ではあるが、園芸的にも観賞用宿根草として取り上げられていて、草丈三〇～四〇センチメートルの小型の矮性品種もあって、鉢植えにされたものが売られているし、茶花として切り花にもされる。

この仲間、サングイソルバ属には、わが国にはワレモコウのほか、カライトソウと、ナガボノシロワレモコウの二種がある。カライトソウはわが国の高山植物で、丈高く伸び、夏の頃に、花びらを欠く紫桃色の蕊（しべ）のかたまりのような小花を、長い花穂にぎっしりとつけ、花穂は優雅に垂れ下がって大変美しい。高山植物ではあるが、低地で育てても意外に丈夫で、よく育つため、鉢仕立てのほか、庭植え用の宿根草花としても使われている。カライトソウとは「唐糸草」の意で、古く中国より渡来した美しい絹糸を思わせるところから付けられた名のようだ。

ナガボノシロワレモコウは名が示すように、花穂が長く白色花を咲かせる。北海道でよく見掛けるが、九州に至るまで各地に分布し、湿原に多い。カライトソウほどの美しさはなく、園芸的に利用されることは少ないが、これの赤花種のナガボノアカワレモコウは、紅紫色の花を咲かせるので、この二種を併せて植えたら紅白となって、めでたく楽しめるのではなかろうか。

アラスカを旅した折り、このナガボノシロワレモコウによく似た花を見たことがある。初めはナガボノシロワレモコウだと思っていたが、同地のワイルドフラワーのガイドブックで調べてみたところ、同属ではあるが、別種のスティプラタ（*stipulata*）という種類で、同地ではシトカ・バーネット（Sitka Burnet）と云うらしい。ナガボノシロワレモコウは花穂の先がやや垂れ気味になるが、こちらの方はあまり垂れず、直立していることが多い。

香草ばやりだが、この中にサラダ・バーネット（Salad Burnet）というのがある。バーネットとはワレモコウの英名であるが、学名はポテリウム・サングイソルバ（*Poterium sanguisorba*）となっていて、ワレモコウとは別属となっている。種名の方がワレモコウの属名と同じで、さて、これはどういうことなのか？　と首を傾げてしまったが、別属としても同じバラ科であるし、形状もよく似ているので、かなり近縁のものであろう。そして日本名はオランダワレモコウとなっている。このサラダ・バーネット、その名のようにサラダにすると、胡瓜（きゅうり）に似た風味があって、けっこういける。

私の住む小平の地にも、三十年ぐらい前までは、時折、野生のワレモコウを見掛けたが、開けてしまった今日では全く見られなくなってしまった。

ススキが穂を出し、暑さも遠のく頃、ひそやかに咲くワレモコウの花は、それは秋の情緒たっぷりで、咲き乱れるコスモスを横に見て、「我も赤いぞ！・」と訴えているようだ。

ヌスビトハギ

Desmodium podocarpum subsp. oxyphyllum

植物名には、うがった名前のものが時々ある。その最たるものだろう。調べてみると、この植物の実莢（みさや）の形が、忍び寄る盗人の足跡に似るからだそうだ。だが、この実莢の中ほどにはくびれがあって、どちらかといえば半分に切った眼鏡のような形に見える。どう見ても盗人の足跡などとは思いつかない。有名な『牧野日本植物図鑑』には、こう説明がしてある。

「盗人萩は盗賊室内に潜入し、足音せぬよう、蹠を側だて其外方を以て静かに歩行する其足跡が莢の形状相類するによる」

頭脳不明断な私には、解ったような解らぬような、それこそ盗人に「これ、本当か？」と聞いてみたくなる。

それはさておき、このヌスビトハギ、各地の山林樹下などに広く野生していて、秋になると葉腋（ようえき）から長い花軸を出して、淡紅色の小さな豆状の花をあらく穂状に綴る。いかにも藪下の花という感じの寂しげな花だが、何となく愛らしさがある。しおらしき花とも云えるが、どうしてどうして、なかなかの知恵者だ。花後に実る扁平な果実は、半月形の莢が二莢結びつく面白い形をしていて、それが半分に切った眼鏡の形によく似ているのだが、この莢の先端には鉤爪（かぎづめ）があって、

ヌスビトハギ

Desmodium podocarpum subsp. oxyphyllum

和名：ヌスビトハギ
科名：マメ科
属名：ヌスビトハギ属
生態：多年草
学名：*Desmodium podocarpum subsp. oxyphyllum*

触れるものにたちまちくっついてしまう。人の衣服や動物の体についた莢は遠くまで運ばれ、落ちたところで芽を出すというわけだ。このようにして分布を広める植物は、ヌスビトハギ一族はみなそうであるし、イノコズチなどもよく知られている。

オーストラリアやニュージーランドに、ビディビッド（Bidibid）とかビディビディ（Bidibidi）と呼ばれる小型のバラ科植物がある。多数の雌蕊が小球状にかたまってつく変った花で、小房から突き出る花柱は針状をしていて、花房全体が毬栗のようになる。熟してくると、この花柱がルビー色となって、大変美しい。

オーストラリア東南端にあるタスマニア島へ出掛けた時のことだ。海岸にビディビッドが群生していて、ちょうどこの毬栗坊主が色づいていた。赤い絨緞を敷き詰めたようで、見とれるほどの美しさだった。アップの写真を撮ろうと、つまずきながらそばへ近寄って接写する。撮り終って、やれやれと立ち上がってズボンを見て驚いた。ビディビッドの刺のような赤い花柱がズボンに突き刺さって、一面、ビディビッドの種子だらけではないか。手ではたき落とそうとしても、しっかりと刺さっていてびくともしない。幸い泊っていたロッジが目の前であったので、急ぎ帰って部屋に戻りズボンを脱ぐ。さあ、それからが大変。無数にくっついてしまった種子を一つ一つ指で取り除かねばならぬはめに陥ってしまった。もっとも、この落とした種子、塵箱行きになってしまったから、この分だけは繁殖には役立たずに終ったというわけだ。

ヌスビトハギには幾つかの仲間がある。各地の藪などに生える、その名もヤブハギと呼ばれるものは、花はヌスビトハギより小さい淡紅色の花をあらくつけるので、あまり見映えはしない。ヌスビトハギ同様、三小葉よりなる葉をつけるが、ヤブハギの方が小葉の一枚一枚が幅広く大きい。果実はヌスビトハギと同じような眼鏡形の実莢で、やはり鉤爪を持つ。

ヌスビトハギ
Desmodium podocarpum subsp. oxyphyllum

山地の林下などに野生するフジカンゾウは、草丈一メートル以上になる大型の種類で、淡紅色の花もヌスビトハギよりやや大きく、しかも穂状に密生してつけるので、この仲間では見映えがする。やはり、花後に鉤爪のある眼鏡形の実莢をつけるため、衣服などにつきやすい。葉は前二種と違って小葉が五枚ないし七枚の羽状複葉だ。フジカンゾウの名は、同じマメ科のフジ、あるいは薬草の一つのカンゾウ（甘草と書き、ユリ科の萱草とは異なる）の葉に似るところから付けられたもので、葉形を強調したずいぶんご丁寧な名前だ。

同属の植物にもう一つ、ミソナオシという変った名の種類がある。丘陵地などに生える小型の灌木で、小さな黄色味を帯びた花を穂状に綴るが、花後にできる実莢は眼鏡形ではなく、長さ五センチメートルぐらいの細長いインゲン形で、果皮に細かい鉤爪があって、やはり同じように衣服などにくっついて運ばれる。この名のミソナオシとは何のことかというと、「味噌直し」の意で、不味くなった味噌にこの茎葉を入れると、味が直るところから付けられたそうだ。このミソナオシ、別にウジクサの名がある。「蛆草」の意で、不快な名前だが、蛆がついた古味噌に茎葉を混ぜると、蛆が死ぬところから付けられたそうだ。でも、蛆は死んでも、この味噌、食べる気にはならないだろう。蛆を殺す作用があるならば、便所などにも利用できるのではないだろうか。

秋が深まり、雑木林などを散策すると、よくヌスビトハギの種子に取りつかれる。厄介者だが、これも秋の風物詩の一つと思う。

センニンソウ
Clematis terniflora

秋の訪れを感じる頃、郊外を散歩すると、畑を囲むように植えられた茶畑などに、真っ白く雪が積もったように群れ咲く花を見ることがある。そんな光景に出会うと、「ああ、今年もまたセンニンソウの咲く季節になったナ」と思う。センニンソウは、秋の訪れを告げる花の一つでもある。

わが国各地の日当りのよい山野に野生する蔓草で、ある時は地を這い、ある時は他物にからみついて茂り、秋になると蔓先や葉腋から花茎を出し、枝分かれしながら白い十文字に開く四弁花を群れ咲かせる。花房はかなり大きく、花盛りには、株を覆い尽くすように咲いて大変美しい。四弁花であるが、花びらと思えるのは花弁ではなく萼で、この一族の花はすべて萼が花弁の代役をする無弁花だ。

この一族、クレマチス属（*Clematis*）は大変多くの種類があり、世界中に分布していて、この中には花の美しいものが多く、改良されて園芸化されたものがたくさんある。園芸的には、これらの園芸種を総称してクレマチスと呼んでいる。しかし、わが国ではクレマチスと云っても、解らない人がまだまだ多い。が、テッセンの仲間と云うと、ほとんどの人が肯いてくれる。一方、クレマチス＝テッセンと思っている人も多いようだが、テッセンとは中国から渡来した同国産の

センニンソウ

Clematis terniflora

77

和名：センニンソウ

科名：キンポウゲ科　　生態：多年草

属名：センニンソウ属　　学名：*Clematis terniflora*

一種を指す固有名称であって総称ではない。なぜ、テッセンが通り名になってしまったかというと、古くから観賞用として楽しまれてきたことと、茶花として愛用されてきたためのようだ。本物のテッセンは、大輪白色の六弁花を咲かせ、中心の蕊（しべ）が濃い紫色をしていて、その白と紫のコントラストが目立って美しい花だ。

実は、わが国にもテッセンに劣らず大輪美花を咲かせる野生種があり、これをカザグルマと称する。こちらの方は、花びらが八枚で、テッセンより花弁数が多い。白色花のものもあるが、多くはうす紫色をしていて美しく、昔から庭植えなどにして楽しまれてきた。ヨーロッパにも各種の野生種があり、これに中国産のテッセンやラヌギノーサ、わが国のカザグルマなど、いろいろな種類を用いて、十九世紀から盛んに改良が行われて、現在見るようなバラエティーに富んだ改良品種が作られてきた。近年、わが国でもクレマチス・ブームが起こり、最近は中北米原産種まで市販されている。

園芸種は春咲き種が多く、近頃は秋まで咲き続ける四季咲き種が増えているが、センニンソウのような秋咲きの改良種はあまりない。

センニンソウによく似た、夏から秋咲きの野生種が幾つかある。よく間違えられるのがボタンヅルという種類で、花だけ見ると区別しにくいが、葉の形が違うので葉を見ればすぐ解る。センニンソウは奇数の羽状複葉で、葉に切れ込みはないが、ボタンヅルの方は小葉が三枚つく複葉であると同時に葉縁に欠刻があり、その葉形がボタンの葉に似るところからこの名が付けられた。センニンソウも各地の山野に生えるが、ボタンヅルの方はどちらかというと山地で見ることが多いような気がする。

このほか、コボタンヅルというのもあり、ボタンヅルに似て葉が小型であるためにこの名が付けられたが、二回三出複葉となる違いがある。これは関東の山野に野生する地域限定種のようだ。

また、四国、九州、沖縄などの南国に野生し、葉の小さいメボタンヅルというのもあり、別名コバノボタンヅルとも云う。

オーストラリアやニュージーランドへ十月頃に旅をすると、立木に絡んだり低木類などに覆い被さって茂る、センニンソウにそっくりの真っ白な花を咲かせるクレマチスを見ることが多い。このオセアニア産のクレマチスは数種類あり、いずれも白花でセンニンソウによく似ているが、花はセンニンソウよりもかなり大きい。初めて見た時、「ああ、やっぱり秋に咲くのだナ」と思ったが、よく考えてみたら北半球と南半球では季節が逆になるから、十月は向うでは春である。これらの種類はいずれも春咲き種というわけだ。

センニンソウ、ボタンヅル、どちらも白花だが、夏から秋へかけて咲く花の中では目立って美しい。花が終ったあとに実る果実には、翁の髭（ひげ）のように、長く白い羽毛状の毛が生えている。これが仙人のように見えるところから、仙人草と名付けられたのではないかと思うが、確信はない。

センニンソウにはプロトアネモニンという毒素が含まれ、この汁が皮膚につくと、爛（ただ）れたような炎症を起こし、水ぶくれとなる。うっかり口にすると、口中灼熱、飲み込むと胃腸の粘膜が爛れて血便を出すこともある。注意しなければいけない有毒植物の一つだが、その太い針金のような根は、クレマチスの接ぎ木苗を作る時の台木に使われることもある。

オケラ

Atractylodes japonica

里山にも、秋が訪れると何とはなしに静けさが漂ってくる。春の初々しい雰囲気とは違って、静けさとともに落ち着いたムードとなる。咲く花の種類も少なくなり、ムラサキシキブの紫色の宝石のような実やウメモドキの赤い実が、花に代って彩りを添えるようになる。それらに混って、林側などに白っぽい薄いピンクのアザミに似たような花を枝先にひっそりと咲かせるのを見ることがよくある。草丈四〇〜五〇センチメートルで、枝を出しながら茂り、先の尖った楕円形の葉は触ってみると硬く、葉の縁には細かく刺状の鋸歯がある。茎も硬く、草というよりも硬い葉とともに灌木かとも思ってしまう。これがキク科の多年草、オケラだ。

オケラというと、よくミミズの鳴き声と間違えられる虫のオケラと同名であるが、もちろんこれとは全く関係がない。このオケラ、古く万葉集にも登場するわが国原産の植物の一つで、古くはウケラと呼ばれていたようで、ウがオに転訛してオケラになったようだ。

このオケラの花は白から薄紅色まで、かなり色幅がある。面白いのは、この花の外側に付く苞葉で、魚の骨がからみあったような刺状の形をして、色が茶褐色でドライフラワーを思わせる。なぜ、このような奇妙な形になったのだろうか。蕾の時には、このイガイガの硬い苞葉に守られているようで、多少は蕾を保護する役目を果しているのかもしれない。

オケラ
Atractylodes japonica

81

和名：オケラ	生態：多年草
科名：キク科	別名：ウケラ
属名：オケラ属	学名：*Atractylodes japonica*

生長してしまうと茎、葉ともにとても食べられそうにないが、その新芽は白い産毛が生えていて、山菜として賞味される。

「山で美味いはオケラにトトキ」と云われるように有名だが、どうやらそれほど美味いというものでもないらしい。残念ながら、私はまだ食べたことがないので何とも云えない。

一方、その根は、漢方では蒼朮（そうじゅつ）あるいは白朮（びゃくじゅつ）と称して薬用としている。

オケラとは同じキク科でもかなり遠い別属だが、ムードがよく似ていて、同じように山の林側で見かける小灌木にコウヤボウキというのがある。オケラは灌木に見える草であるが、こちらの方は草に見える灌木で、枝を出しながら横広がりに茂って、枝先が垂れるようになる。枝先に一かたまりずつ白い頭状花を付け、個々の花は筒状で半ばから上が五つに深く裂けて、一片一片はリボン状に先が巻き込む。これが何輪も数多くまとまって一つの花を形作っている。キク科植物で一輪の花と見えるのは多数の花の集合体で、コウヤボウキでは、弁先がカールする白いリボンフラワーのようだ。直径は一・五センチメートルぐらいと小さいが、垂れる小枝の先に咲く姿は、そこはかとなく趣があって秋を感じさせる。集合花の下部は円筒状となって、その周りは茶褐色の鱗状の総苞（そうほう）で囲われる。関東から西の方に分布していて、高野山に多く、同地ではこの枝分かれして茂る細い枝を利用して箒（ほうき）を作るためにこの名が付けられた。

これによく似た花で、ナガバノコウヤボウキというものもある。葉は、先の尖った小振りの卵型で、長い茎に四～五枚互生する。花はこの輪生する葉の基部に咲く。この一属ペルティア属（*Pertya*）には、他にもカシワに似た葉を付けるカシワバハグマ、幅広の切れ込みのある葉を付けるオヤリハグマ、葉を輪生するクルマバハグマなどいろいろな種類があって、いずれも白い頭状花を咲かせ、夏から秋の林下を飾る。ちなみに、ハグマとは「白熊」と書き、古く中国で槍（やり）や旗に付ける白い房飾りのことで、その白い花の姿がこのハグマを思わせるところから付けられたらしい。

ハグマの名を持ったものは、ペルティア属に近縁のアインスリアエア属（*Ainsliaea*）のものにも何種かある。亀甲状の葉を根生して、二〇センチメートルほどの細い花茎を伸ばして粗く白色花を咲かせるキッコウハグマ、モミジ形の幅広の葉を付けるモミジハグマなど、どれも似た雰囲気を持つ秋の林床を飾る花々だ。

オケラの花が終ると秋も深まり、木々の葉も落ち始め、リンドウの花があちこちに紫紺の花を咲かせ、やがて冬を迎える。霜枯れたオケラは、そのうちに茎葉も枯れて大地に戻り、根株だけを残し春を待つ。

オケラの花は、決して派手ではない。ともすると見逃してしまうような花だ。だが、いかにも秋の静けさに相応しい花だ。この地味な花が、万葉の歌人に詠まれたのも解るような気がする。

ツワブキ

Farfugium japonicum

秋深まる頃、東京湾岸を走る房総西線に乗り館山へ向かう。上総湊(かずさみなと)駅を過ぎると、連続的に小さなトンネルが多くなり、このトンネルの前後に、黄色い菊のような花が岩場を飾るように咲くのが見られる。ツワブキの花だ。

ツワブキは、関東以西の暖かい海岸地帯に分布するキク科の常緑性多年草で、特に九州に多い。丸く大きい葉はフキに似ているが、濃緑色で光沢があり厚みがある。ツワブキの名も、艶があってフキのような葉ということから、ツヤバブキが転じてツワブキになったのだそうだが、その葉を見るとまさにその通り、なるほどと肯ける。

秋に咲く野や山の花は、ひそやかに咲き、あまり目立つものがないが、このツワブキは、大きく艶のある濃い緑の葉合いから、抜き出て花茎を伸ばし、鮮やかな黄色の菊状花を何輪も咲かせるため、意外と目立つ花である。

そのため昔から庭植えにされて楽しまれ、宿根草花としてはもちろん、観葉植物としも観賞されてきた。花にはあまり変化がないが、葉の方には黄色や白の、いろいろな斑(まだら)模様のある、いわゆる斑(ふ)入り葉品種が幾つもあるし、葉に縮みのあるもの、切れ込みのあるもの、皺(しわ)のあるものなど葉変り品が多く、古典園芸植物の一つとして好事家の間でもてはやされる。

郵便はがき

料金受取人払郵便

麹町局承認

197

差出有効期間
2020年12月
31日まで

切手はいりません

102-8790

209

(受取人)
東京都千代田区
九段南 1-6-17

毎日新聞出版

営業本部　営業部行

ふりがな	
お名前	
郵便番号	
ご住所	
電話番号	(　　　　)
メールアドレス	

ご購入いただきありがとうございます。

必要事項をご記入のうえ、ご投函ください。皆様からお預かりした個人情報は、小社の今後の出版活動の参考にさせていただきます。それ以外の目的で利用することはありません。

毎日新聞出版　愛読者カード

本書のタイトル「　　　　　　　　　　」

●この本を何でお知りになりましたか。

1. 書店店頭で　　　2. ネット書店で

3. 広告を見て（新聞／雑誌名　　　　　　）

4. 書評を見て（新聞／雑誌名　　　　　　）

5. 人にすすめられて　　6. テレビ／ラジオで（　　　　）

7. その他（　　　　　　　　）

●どこでご購入されましたか。

●ご感想・ご意見など。

上記のご感想・ご意見を宣伝に使わせてくださいますか？

1. 可　　　2. 不可　　　3. 匿名なら可

職業	性別 男　女	年齢 歳	ご協力、ありがとうございました

ツワブキ
Farfugium japonicum

85

和名：ツワブキ
科名：キク科
属名：ツワブキ属
生態：多年草
学名：*Farfugium japonicum*

ツワブキの花時は十月〜十一月へかけてであるが、ツワブキとは別種のカンツワブキはそれより遅く十一月〜十二月にかけて咲く。これは九州の南に浮ぶ屋久島や種子島が生れ故郷で、葉縁に切れ込みや鋸歯が目立つので、ツワブキとは容易に区別がつく。

カンツワブキと同じように、団扇状の大きな葉の周辺に切れ込みが多く入り、花びらの先も切れ込むクニガミツワブキ（リュウキュウツワブキ）は沖縄国頭産の固有種だが、これはツワブキの一変種のようだ。

ツワブキは、このように昔から観賞用植物として親しまれてきたものだが、一方、その若葉の葉柄は伽羅蕗として食べられてきた。特に野生の多い九州で盛んに利用され、宮崎県や鹿児島県などでは野菜の一つとして栽培し、市場に出荷されてもいる。

ツワブキはフキの名がつくのでフキの仲間と思われがちだが、植物学的には同じキク科であっても全くの別属で、花もその生態もかなり異なる。ただ、葉型がよく似ているし、フキの方も、その葉柄を食用とするので同じ仲間と思われてしまうのだろう。

花、葉ともに観賞用として楽しまれ、葉柄は伽羅蕗として賞味されるが、もう一つ、その葉や葉柄は昔から民間薬として利用されてきた薬草でもあり、ドクダミやゲンノショウコなどと同じく、ジャパニーズ・ハーブの一つというわけだ。腫物や火傷、痔などの時、その葉を火で焙るか、アルミホイルに包んで蒸焼きにし、表面の薄皮を剥いで患部に貼る。これは、そこに含まれるタンニンやクロロフィルの効果であると云われる。また、その葉柄は、魚の食中毒の毒消しとして、あるいは下痢止めとして煎用するとよく効くという。

観て良し、食べて良し、加えて薬にもなるという三拍子そろった、大いに役立つ植物ということになる。

もともと暖地の植物であるが、かなり寒さにも強く、しかも半陰地を好むので、近頃のように日当りの悪くなった小庭には最適の宿根草と云える。加えて冬も枯れぬ常緑性で、花時でなくとも、その艶やかな濃い緑の葉が楽しめる。和風の庭によく植えられるが、洋風の庭に植えてもおかしくない。日本の植物であるから、洋物のように気候風土の違いを心配する必要もないし、植えっぱなしにして特に手入れをしなくとも、結構育ってくれる。ただし、半陰地性植物であるために、あまり日当りのよいところであると、葉が陽焼けを起して傷みやすい。特に斑入り葉のものなどは、日陰地の方が安全だ。あまり薄暗い日陰であると、葉はよく茂っても花付きが悪くなる。

海岸線の岩山などに生えて、自然に咲く姿は野趣に富んでいる。これがツワブキ本来の美しさであろうが、庭に植えられても、花気の少なくなる晩秋に、その黄色い色が一際映えて、園芸用宿根草としての美しさを発揮してくれる。

ヨメナ
Kalimeris yomena

昔、東京・駒場には東大農学部の農場があり、今ではなくなってしまった西駒場駅の下には田圃があった。春になると母と一緒に、この田圃へヨメナ摘みによく行ったものだ。畦道一杯に生えている冬越しをした若芽は、冬の寒さから解放されて瑞々しさを取り戻している。笊（ざる）一杯ほどを摘んで帰る。夕餉（ゆうげ）には、母の作ってくれたヨメナの胡麻よごしが器に盛られて出てくる。口では説明しにくいが、その独特な舌ざわりと味は今でも忘れられない。

ヨメナは「嫁菜」と書く。若々しい嫁御が、若菜を摘む姿が浮ぶ。ほのぼのとした名前だ。学名も、そのものずばりカリメリス・ヨメナ（*Kalimeris yomena*）という。

このヨメナには二種あって、本当のヨメナは東海地方から西の方に分布していて、関東から北に野生するものはカントウヨメナと云い、ごく近縁の別種とされている。学名も、カリメリス・プセウドヨメナ（*Kalimeris pseudoyomena*）という。プセウドとは「偽の」という意味だから、こちらはさしずめ〝ニセヨメナ〟ということになる。大変よく似ているが、こちらの方は花がやや小さい。

私が摘んだヨメナも、正確にはカントウヨメナの方であろう。そして、このカントウヨメナは純粋種ではなく、同属近縁のユウガギクとの自然雑種だと云われている。

ヨメナ
Kalimeris yomena

和名：ヨメナ
科名：キク科　　生態：多年草
属名：ヨメナ属　　学名：*Kalimeris yomena*

ヨメナというと、ヨメナ摘みのことから何となく春をイメージするが、その花は秋に咲く。五〇～八〇センチメートルぐらいの茎を出し、粗く枝分れしたその先に、径三センチメートルぐらいの薄紫色をした小菊のような花を咲かせる。秋に咲く、このように小菊状の花を咲かせるものをひっくるめて「ノギク」と呼んでいるが、このヨメナもその一つと云えよう。

ヨメナは、以前はシオン属（アステル属 *Aster*）に入れられていたが、最近は独立してヨメナ属（カリメリス属 *Kalimeris*）になった。同属にはヨメナの他、前記したカントウヨメナと、それの片親とされるユウガギク（*Kalimeris pinnatifida*）などがある。ユウガギクは、中部以北に分布していてヨメナに似るが、本葉はその周縁がヨメナより深く裂けているので見分けがつく。また、ヨメナは田圃の畔などの湿ったところに好んで生えるが、こちらの方は野や丘陵の道端によく生え群生する。ユウガギクは「柚香菊」の意だと説明されるが、あまり柚の香りはしないようだ。花はほとんど白色で、わずかに薄紫を帯び、花付きはやや粗い。

ヨメナやユウガギクにかなり近いが、ヨメナ属ではなくシオン属の一種にノコンギクというのがある。北海道から九州に至るまで、各地の山野に野生し、やや薄い紫色の小菊状の花を数多く咲かせて美しいため、昔から庭植えなどにして楽しまれている。ノコンギクとは「野紺菊」の意で、紺色とは云い難いが、その紫の花色から付けられた名前である。多く栽培されてきたため、花色の濃い園芸品種ができていて、これをコンギク（紺菊）と云う。

秋になると、これの鉢植えが、小菊の鉢植えなどとともに売られる。キクには紫色がないので、その代りとして大いに役立つ。花は一重咲きの小菊そっくりであるために、キクの紫色品種と間違えられることがあるが、キクはキク属、コンギクはシオン属で、キクの仲間ではない。栽培してみると意外に育てやすく、小菊同様に育てるとよい。秋に楽しむ宿根草花の一つだ。

シオン属には、ヨメナという名が付くものが数種ある。その中に園芸化されて、大変人気のある種類にミヤマヨメナというのがある。と云っても、一般の人には解らないだろうが、ミヤコワスレと云えばすぐに解る。野生のものは花は薄紫だが、園芸種には濃紫色があって、これが最も人気が高い。この他、白花種やピンクの花を咲かせる品種もあって、切り花としてもよく使われる。

「都忘れ」とは、なかなか優雅な名前だが、これには一つの物語がある。承久の乱（一二二一年）に敗れて佐渡島へ流された順徳院が、ある年の秋に、庭に一株の白菊が咲くのを見られた。それまで、過ぐる日の都のことばかりを懐かしがっておられたが、この花を見るうちに都のことを忘れられたという。その後、この花を「都忘れ」と呼ぶようになった、と云うことだが、ミヤコワスレの花は秋ではなく初夏の花である。順徳院が見られた花が、果してこのミヤコワスレであったのか、あるいは誰かが後世、このような物語を作りあげたのか、今となっては解りようがない。

フジバカマ

Eupatorium fortunei

万葉の歌人、山上憶良の詠んだ秋の七草の歌にも登場するのが、このフジバカマであるが、それ以後も、多くの歌人に詠まれているほどに、古き時代より大変人気のある植物であったようだ。

秋の七草に登場する植物のほとんどは日本産のものだが、一つだけ外来の帰化植物がある。それがこのフジバカマで、もともとは中国生れで、古く渡来し、野生化したものと云われる。なぜ、わが国に入って来たか、それは香りの草として持ち込まれたものらしい。中国では古く「蘭草」と称して、その香りを利用し楽しんでいたようだ。

蘭と云う字は、一般的にはいわゆるラン、オーキッド（Orchid）のことを指しているが、もともとは香りのよい植物の総称であったという。刺（とげ）のある植物を総称して「茨」と云うのと同じようなことである。そのうちに香りの植物の代表となったのが、このフジバカマで、その昔、中国では蘭という字はフジバカマのことを指すようになったらしい。その後、よい香りを放つ花として、今日で云うランが賞でられるようになり、これを蘭花と称し、フジバカマの方は草が香ることから、蘭に草の字をつけて蘭草として、この二つの蘭を区別したのだと云う。そのうち蘭草から蘭花の方へ人気が移り、蘭という字は専ら蘭花専用になってしまったようだ。

この香りの草であるフジバカマ、どんなによい匂いがするかと、まず花を嗅いでみる。ほのか

フジバカマ
Eupatorium fortunei

和名：フジバカマ
科名：キク科
属名：フジバカマ属
生態：多年草
学名：*Eupatorium fortunei*

に香るような気がする程度だ。葉が香るというので、葉を摘んで嗅いでみるが、よい香りどころか、少々青くさい。ところが、この葉を生干しにすると、快い香りを漂わせるから不思議だ。その香りはラベンダーの香りに似ている。昔中国では、これを香り袋とし、懐に忍ばせたというから、今で云えば、さしずめポプリ・サシェというわけだ。この他、洗髪に用いたり、バス・ポプリよろしく浴用剤にもしたらしい。

さて、このフジバカマ、わが国へ渡ってきてから、あちこちの河原などに野生化し、秋の七草に詠まれているところをみると、その当時、既にかなり野生化していたのではないだろうか。

春になると、長く伸びる地下茎から芽を出して伸び、三裂する葉を対生して、秋までには、時に人の丈ほどまでに育つ。初秋の頃、茎の上部の節々から小枝を出して、その先に薄い藤色の管状花からなる頭状花を繖房(さんぼう)状に咲かせる。その様は、派手ではないが、なかなか優雅で、多くの歌人に詠まれたのも肯ける。

この一属、フジバカマ属（エウパトリウム *Eupatorium*）にはいろいろな種類があり、わが国にも、山歩きをするとよく見かけるヒヨドリバナやサワヒヨドリ、夏咲きで葉が四枚輪生するところから名付けられたヨツバヒヨドリなどがあるが、これらの葉は香りは出さない。またヒヨドリバナとは、ヒヨドリの鳴き声をよく耳にする頃に花が咲くところから名付けられたと云う。

波を描くように飛びながら鳴くヒヨドリの声を聞きながら、秋を告げるように静かに咲くフジバカマを見る時、歌人ならずとも詩心を感じるに違いない。

このフジバカマ、昔はかなり各地に野生していたようだが、最近はすっかりと陰をひそめて野生を見ることが滅多になくなってしまったという。そのために、近頃は絶滅危惧種に指定されているようだ。植物園などには植えられていることが多いので、この花を見たければ、そのようなところへ行くより仕方がなくなってしまった。

栽培してみると、意外に丈夫でよく殖える。なぜ、野生のものが陰をひそめてしまったか不思議に思えてならない。どうも、帰化植物にはブタクサなどもそうだが、一時は栄えても、その後衰退するものがあるようだ。

最近、フジバカマと称する鉢植えが秋になると売られる。本物のフジバカマかと思うと、これは偽物で、同属の近縁種だが、別種のものだ。茎や葉脈が紫味を帯びていて、葉型もフジバカマとは多少異なり小振りである。花の色はフジバカマより濃く、咲くとこちらの方が見映えはする。ただし、葉は乾かしても香りはしないし、風情という点ではフジバカマの方に軍配が挙がる。

葉の香りを楽しみ、浴用剤にもされたが、薬用としても用いられ、乾燥葉を利尿、黄疸、通経に効ありとして煎用されたと云う。

香り七草、それがフジバカマである。

キキョウ

Platycodon grandiflorum

秋の七草の歌に「朝貌（あさがお）の花」というのが末尾に出てくる。この植物が何であるか、昔からいろいろと議論されてきた。アサガオというと、一般には夏の朝早くから花開く、ヒルガオ科の蔓（つる）植物のあの「朝顔」のことであるが、渡来年代からすると、どうやら違うらしい。夏に咲く花木のムクゲが、古くこの名で呼ばれたことがあるため、ムクゲ説もあったようだが、これも時代考証的には合わないという。

そこで落ち着いたのが、キキョウであろうという説だ。前二者は渡来植物だが、キキョウならば、わが国各地の山野に野生していて初秋に花を咲かせる。草原からすっと茎を伸ばし、その頂きに五裂する星形の鐘状花が、青紫色の花色と相まって、いかにも秋の訪れを告げる風情を漂わせる。秋の七草の一つに選ばれたことも、咲く季節からもアサガオやムクゲよりも適していると思われるし、秋の情感を漂わせることからも、キキョウ説にはあまり異論が出ないようだ。

「キキョウっていつの花?」

と問うと、ほとんどの人は「秋の花」と答える。春や夏の花と答える人はまずいない。

「それじゃ、秋にキキョウの花を売っている?」

と云うと、しばらく考えてから、

キキョウ

Platycodon grandiflorum

和名：キキョウ
科名：キキョウ科
属名：キキョウ属
生態：多年草
学名：*Platycodon grandiflorum*

「そういえば、秋じゃなくて、切り花も鉢植えも初夏に売ってるネ」

キキョウの咲いたものが花屋で売られるのは、実は初夏の六月から七月へかけてである。最近は、何でも促成栽培流行りで、やたらと早くから出てくる。この初夏に売られるキキョウもこの手かというと、実はそうではない。かなり以前、初夏に咲く早咲き種が見出され、ちょうど梅雨時から咲き始めるので「五月雨桔梗（さみだれききょう）」と名付けられて売り出された。これが人気を得て、その後栽培されるキキョウのほとんどが、この早咲き種になってしまった。秋の花たるべきキキョウが、現実的には初夏の花となってしまったわけだ。にもかかわらず、いまだにキキョウは秋の花と思っている人が多いのは面白いことだ。

もうかなり前のこと、八月末に車で信州へ出かけた帰りに、八ケ岳山麓にあるM種苗会社の農場へ立ち寄った時のこと。農場の一隅に、ちょうど咲き始めているキキョウがある。近くから野生のキキョウを採ってきて植えてあるのか、と農場の人に尋ねてみたら、

「いや、そうじゃないんです。社長が知り合いのお華の先生に、遅咲きのキキョウを改良して作ってくれって頼まれたんです。何でも秋の季題としてキキョウの切り花を使おうと思ったら、今時、キキョウの切り花なんてないですよ、って花屋に云われてしまったんだそうです。そこで遅咲き種の改良を始めて、やっとできたのがこれなんです」

「へえ、そうなんですか。でもこれ、元へ戻した、っていうわけですネ」

「ハハ、まあそういうことになりますネ……」

最近、同社から「晩生桔梗」の名で種子が売り出されたようだ。お華の先生も、これからは秋の季題として困ることはないだろう。

キキョウは、わが国各地の山野に野生するが、古くからその花を賞でられる他、太く白い根は

「桔梗根」と称して、咳止めの薬として重用されてきた。今でも鎮咳薬の多くに、この桔梗根が入っているのをみると、咳止めにはかなり効果のある薬草のようだ。

キキョウの名は漢名「桔梗」の日本読みと云えるが、属名のプラティコドン（*Platycodon*）とは「広い鐘」という意味で、その花型による。花は、野の草の中では大きく目立ち、花容がシンメトリーであるためか、「桔梗紋」として紋章化され、明智光秀の家紋として有名だ。

キキョウは、その花も美しいが、蕾（つぼみ）の形も面白い。風船を膨ませたように膨み、何となく潰してみたい心にかられる。子供の頃に、庭植えされていたキキョウの、日に日に膨む蕾を指ではさみ、プチンと潰して快感を覚えた記憶があるが、これはキキョウにとっては気の毒な話だ。

近頃、市販されているものはほとんど早咲きになって、初夏の花となってしまったが、これを秋まで咲かせ続ける方法がある。咲き終った花がらをまめに摘みとって、種子をならせぬようにすると、困ったキキョウは腋芽（えきが）を出して再び花を付ける。これを繰り返すと九月に入るまで咲き続ける。

アマチャヅル

Gynostemma pentaphyllum

見向きもされなかったような雑草が、ある時、突然有名になってしまった。それがこのアマチャヅルである。

藪際などに、細い蔓（つる）を伸ばして巻鬚（まきひげ）によってからみつきながら茂るこの草は、一見、仕末に悪い雑草として嫌がられるヤブガラシに似た五小葉を付けるため、よく間違えられることがある。ただし、蔓は赤味を帯びるヤブガラシと違って薄緑でより細く、葉も小振りで軟らかい。相対的に繊細な感じで、ヤブガラシのような憎らしさがない。

ヤブガラシはブドウ科だが、アマチャヅルはウリ科の植物。雌株と雄株とがあり、秋になると、いずれも星形のごく小さな黄緑色の花を穂状に綴るが、よく注意して見ないと見過ごしてしまうほどに目立たない花だ。雌株には花後、小さな球果を結び、熟すと黒くなる。

地下茎があって、これによって広がるが、面白いことに秋になると蔓先が垂れ下がって地に届き、さらにそれが地に潜って新しい地下茎を作るという変った性質がある。もちろん実が落ちて種子によっても殖える。子孫繁栄のために万全の策を施す、というところだろうか。

属はまったく違うが、同じウリ科の野草にスズメウリという可愛らしい名前をもった種類がある。葉の形は、どちらかというとカラスウリに似ていて、湿っぽいところに好んで生える蔓草の

アマチャヅル
Gynostemma pentaphyllum

和名：アマチャヅル
科名：ウリ科　　生態：多年草
属名：アマチャヅル属　　学名：*Gynostemma pentaphyllum*

一種。これも秋になると、アマチャヅル同様、蔓先が地に潜って地下茎を作り、翌春、ここから芽を出す。株自体は、もとの地下茎とともに一年で枯れてしまうので一年草とされているが、地中に作った地下茎で生き残るわけで、〝多年草的一年草〟とも云えるだろう。こちらの方は雌雄同株で、雌花には花後、白くて可愛い卵形の果実をならせる。この果皮は熟しても白く、そのかわいい果実からスズメウリと名付けられたものだ。

さて、このアマチャヅル、なぜ急に有名になってしまったのか。その葉は噛むと甘味があって、甘茶（アジサイの一種で、乾葉で甘茶を作る）のようだというのでこの名を得たが、実際にはまったく利用されてはいなかった。ところが、この草、朝鮮人参に含まれるジンセノサイド系成分十一種中四種が含まれることが解り、保健強壮剤として一躍脚光を浴びることになった。以来、マスコミにも取り上げられ、アマチャヅル・ブームが起きたというわけだ。近頃は何でもスピーディーだ。流行り出した翌年、園芸市場へ行ってみたら、これのポット苗が出荷されていた。知り合いの園芸店のおやじさん曰く、

「何だこれ！　家の近くの藪にいくらでも生えてらア、こんなもんでも金になるんだなア……」

でも、このアマチャヅル・ブーム、いつのまにやら立ち消えになってしまったようだ。

最近、サプリメント流行りで、次から次へと薬効のある植物や食べ物などが登場し、しかもテレビなどで紹介されるため、たちまちブームになるが、定着するものは少ないようだ。熱しやすく、冷めやすいというところか。薬草などは、すぐ効くものよりも、長期間服用して初めて効いてくるものが多い。気長に考えないと駄目だ。一時有名になったアマチャヅルだが、その後どうなってしまったのだろう。

ウリ科の植物はほとんどが蔓植物で、這い上がるのに巻鬚を出してからみつくが、そのからみ

つき方が面白い。以前にも書いたことがあるが、ＴＢＳラジオの「全国こども電話相談室」で、ある男の子から「ヘチマの巻鬚が途中から逆巻きになるのはどうしてか？」という質問を受けて慌てたことがある。巻きつき方は普通、右巻きか左巻きか、たいていの場合には決まっている。ヘチマの巻鬚が途中で逆巻きになるなんて、まったく気づいていなかった。答えに窮していたところ、同じ回答者の科学の先生が、「たぶん途中で逆巻きになると、抜けにくくなるからではないか」と、助け舟を出されたので、一応一件落着した。

本当にそうなっているか、帰ってからヘチマの巻鬚を見たら、まさにその通り、途中で逆巻きになっている。よく、こんなことを子供が気づいたものだと感心させられた。

アマチャヅルの場合はどうだろう。わが家に生えているのを調べてみたら、同じように途中で逆巻きになっている。どうやらウリ科のものは、いずれも途中から逆巻きになるようだ。

ナギナタコウジュ

Elsholtzia ciliata

シソ科の植物には、茎葉に強い香りを持ったものが多い。シソなどはまさにその代表で、特にアオジソはその爽やかな香気を薬味として広く利用されてなじみ深い。

最近、ハーブ流行りだが、このハーブにも香気を持ったシソ科植物が幾つもある。ミント類（ハッカ類）は種類によって様々な香りがあるし、ラベンダーは云うに及ばず、使い道の多いローズマリー、豚肉料理には欠かせないセージ、魚料理などいろいろな料理に用いられるタイムなど、みなシソ科の植物だ。そして、これらのものはいずれも何らかの薬効がある。

ナギナタコウジュもその一つで、茎葉にかなり強い香りがあって、これを干したものを「香薷（こうじゅ）」と呼び、解熱剤、利尿剤などとして利用される他、下痢にも効くと云う。

全国に広く分布していて、日当りのよい野山や道端に生え、秋になると四〇〜五〇センチメートルに伸びる、角張ってしっかりとした茎上に、やや反り返った花穂を出して、その片側に薄紫色の小花をぎっしりと並べて付ける。その花穂の様子が薙刀を思わせるところからこの名が付けられた。一度見たら忘れられないスタイルだ。コウジュとは、元来中国産で別属のイヌコウジュ属（モスラ *Mosla*）の一種のことで、薬草とし利用されてきたものである。わが国にも、ナギナタコウジュ以外にコウジュの名が付いた植物が、シソ科にはいろいろとある。

ナギナタコウジュ

Elsholtzia ciliata

和名：ナギナタコウジュ

科名：シソ科　　生態：1年草

属名：ナギナタコウジュ属　　学名：*Elsholtzia ciliata*

イヌコウジュもその一つで、野原などでよく見かけ、茎葉はちょっとナギナタコウジュに似るが、茎葉ともに紫味を帯びることが多く、花穂は反り返らず棒状となり、香りはないようで、コウジュのように薬用にも用いられず、「役立たず」というところからイヌコウジュと名付けられたらしい。

可憐な名を付けられたものに、スズコウジュというのもある。ナギナタコウジュに近縁のペリルラ属（*Perillula*）の多年草で、わが国の中部以西の温暖地の山林樹下に生える。一属一種というわが国の特産種。三〇センチメートルほどの茎上に、小さな白い鈴のような形の花を穂状に粗く付け、その花姿と苗がコウジュ類に似るというのでこの名がつけられたが、葉が香るかどうかは寡聞にして知らない。

セージなどと同じサルウィア属（*Salvia*）のものにも、コウジュの名の付いているものがある。田圃の畔などでよく見かけるミゾコウジュがそれだ。ナギナタコウジュやイヌコウジュなどとはかなりグループが異なるが、花の感じがイヌコウジュに多少似ていて、同じように淡紫色の唇形花を、長く真っ直ぐに伸びる花穂に密集して綴る。ただし、葉は長楕円形で周縁に浅く細かい鋸歯があり、葉脈が皺状となってよく目立つ。田圃の畔の溝辺などによく生え、ムードが何となくコウジュ類に似るところからこのような名が付けられたらしい。

ナギナタコウジュの花穂は薙刀形をしているが、これによく似て、同じように片側に花を付けるものに、別属のシモバシラという変った名の種類がある。山地の林側などで見られる多年草で、秋になると白い雄蕊を突き出した白色小花を穂状に綴り、仄暗い林下に意外に目立つ。白い花の花穂を立てるので、シモバシラの名を付けられたのかというとさにあらず、冬になると枯れた茎に含まれる水分が滲み出て、これが凍って霜柱のように見えるところから名付けられたものである。

これは、この植物特有の現象かと思っていたが、最近、別の植物で同じ現象が起るものを見つけた。近頃、花壇用草花として広く用いられるようになったサルビアの一種で、サルウィア・コクシネア（*Salvia coccinea*）というのがある。北アメリカ原産の一年草で、ベニバナサルビアという日本名のように赤い花を咲かせるが、ピンクや白花の品種もあって、夏から秋一杯まで咲き続け、こぼれ種子でも生えるほど丈夫で人気がある。私のところでも毎年花壇に植えるが、ある年、冬枯れたので抜き取ろうとしたところ、何と枯れた茎の元の方が、霜柱そっくりに氷結しているではないか。花壇には普通のサルビアなど、いろいろなサルビアが植えてあったが、霜柱のできているのは、このコクシネア種だけだ。新発見！　と思ったが、どなたかこれに気づかれた方がおられるだろうか。

以前はナギナタコウジュと同属にされていたが、その後別属になったミカエリソウは、草と名付けられているが、実は灌木で西日本の林下に生え、薄紅色の小花を綴るその花穂が美しく、思わず見返ってしまうという洒落た名を付けられたものである。

アキノタムラソウ

Salvia japonica

サルビアというと、花壇を真っ赤に染めるスプレンデンス種（*Salvia splendens* 和名：ヒゴロモソウ）のことを指していることが多いが、この一属アキギリ属（サルウィア *Salvia*）は、北半球から南半球へかけて非常に多くの野生種があり、園芸化されているものも幾つかある。

わが国にも数種があって、アキノタムラソウもその一種。北海道を除く沖縄に至るまで、各地の山野、道端などに野生し、五〇～六〇センチメートルぐらいの茎を伸ばす。茎は方形で、晩夏から秋へかけて細長い花穂を伸ばし、薄紫色の小さな唇形花を輪状に何段にも綴る。地味な花だが、何か心引かれるところがある。葉は奇数羽状複葉で下葉ほど小葉数が多く、上の方はほとんど三小葉となり、輪状に咲く花の付け根にも小さな茎葉を付けていることが多い。

タムラソウは「田村草」と書かれるが、この田村とは何のことかよく解らないようだ。アキノタムラソウは秋に咲くタムラソウということで、秋があれば春咲きのもの、夏咲きのものもあってよいはずだ。実際に、この両種とも存在していて、ハルノタムラソウとナツノタムラソウがある。

ハルノタムラソウの方は九州など、わが国南部の山間渓谷地が住処（すみか）で、この仲間ではいちばん小柄。草丈は一五～二〇センチメートルほどで、四～五月頃、花穂を出して、白い小さな花を粗

アキノタムラソウ
Salvia japonica

109

和名：アキノタムラソウ
科名：シソ科
属名：アキギリ属
生態：多年草
学名：*Salvia japonica*

く輪生して咲かせる。葉も小柄で、短い茎に対生して五〜七枚の小葉を付ける羽状複葉を茂らせる。

もう一つのナツノタムラソウは山地に野生し、七〜八月の夏の季節に花を咲かせるのでこの名がある。草丈は三〇センチメートルほどで、茎葉はアキノタムラソウに似ているが、花の色は三種の中では最も濃く、濃紫色の花を咲かせて目立つ。このナツノタムラソウには面白い性質があり、花が終ると、茎が倒れて節々から芽を出して根付いて殖えるという。植物の殖え方には時々変ったものがあるが、このナツノタムラソウなどもその一つだろう。

このタムラソウ三兄弟、その学名を調べてみると少々厄介だ。アキノタムラソウはサルウィア・ヤポニカ（*Salvia japonica*）となっていることが多いが、これは元来、ナツノタムラソウに付けられていた学名で、古い版の『牧野日本植物図鑑』では、アキノタムラソウはサルウィア・キネンシス（*Salvia chinensis*）となっている。加えて、ハルノタムラソウの方は、同図鑑ではサルウィア・ランザニアナ（*Salvia Ranzaniana*）となっていて、シノニム（*synonym* =同義語）として、サルウィア・ヤポニカの変種プミラ（*pumila* =矮性種）と、サルウィア・キネンシスの変種プミラとされている。さて、この三者の学名、一体どういうことなのか。素人の私にはわけがわからなくなってしまった。学名というのは、分類学が発達するとともに変ることは理解できるし——最近は、多くの植物の学名がかなり変わっているようだ——、学者の考え方によっても違うことが多い。なかなか厄介なものだ。いずれにしてもこの三種、かなり近縁種であるには違いないだろう。

わが国のサルウィア属にもう一種、これぞ本邦サルウィア属の代表と云えるのにアキギリというのがある。サルウィアという属名の和名もアキギリ属と名付けられている。山や丘陵地などでよく見かける秋咲き山野草の一種で、鋸歯のある長三角形に近い、やや大きい葉を対生し、細かい毛とともに浅緑色であるために、どこかソフトな感じがする。この葉がキリの葉を思わせ、秋に咲くところからアキギリというようだ。この仲間ではかなり大きい、淡黄色の唇形花を花穂に段状に咲かせる。花は大きいが、薄い黄色であまり目立たず、いかにも秋の花らしく静けさが漂う花だ。学名は、今ではサルウィア・グラブレスケンス（*Salvia glabrescens*）となっているが、以前はサルウィア・ニッポニカ（*Salvia nipponica*）だった。アキノタムラソウはサルウィア・ヤポニカ、どちらも「日本産の」という意味で、またまたややこしい。

アキノタムラソウは目立たぬ花だが、何となく心が引かれる。これは私だけではないようで、茶花としても使われることがあるらしいし、そのために庭植えにされたり、鉢植えにして摘芯をしながら丈低く仕立てて、その野趣を楽しまれたりもするらしい。派手好みの西洋人には、このような花はウィード（Weed＝わが国の雑草というような意味がある）として見向きもされないだろう。日本人の心は、このような雑草扱いにされる草にまで引かれるようだ。

センブリ

Swertia japonica

良薬は口に苦し、というが、それを代表するのがこのセンブリではなかろうか。何しろ、千度振り出しても尚苦し、というところからセンブリと名付けられたと云われる。

わが国独特の薬草の一つで、古くから苦味健胃剤として広く利用されてきた。これぞ本当のジャパニーズ・ハーブと云えよう。

薬用の方では、「当薬」と称するが、これも「非常によく効く薬」という意味らしい。ゲンノショウコも同じような意味だが、この二種、まさに薬草の両横綱とも云える。

各地の山野に広く野生する小型の野草で、秋になると二〇センチメートルぐらいの茎を伸ばし、先の方で枝分れしながら、細い五弁の星形に開く白い花を何輪も咲かせる。その姿が大変可憐で、見るからに愛らしい。花は一見、白一色に見えるが、よく見ると白地に細い紫色の条(すじ)が入っていて、なかなか洒落ている。この花、開くと五弁にぱっちりと開いて離弁花に見えるが、実は基部はしっかりとつながっている合弁花で、リンドウ科の植物はすべて合弁花植物に入る。

この一属、センブリ属（スウェルティア *Swertia*）にはセンブリの他、幾つかの種類がある。よく似ているのがイヌセンブリ。関東以西に分布していて、センブリが比較的乾燥したところによく生えるのに対して、こちらの方は湿っぽいところに多い。センブリ同様の白い花を咲かせる

和名：センブリ
科名：リンドウ科
属名：センブリ属
生態：越年生１年草
学名：*Swertia japonica*

が、センブリのような苦味はなく、「役立たずのセンブリ」というところからこの名が付けられた。犬には気の毒だが、イヌの名を冠した植物名は、役立たずとか、偽者という意味で使われることが多い。

もう一種、センブリによく似た種類がある。ムラサキセンブリと云われる種類で、茎葉は黒紫色を帯び、花の色も紫色。花は、茎上に円錐状の花穂のようになって付き、センブリとはスタイルが違う。センブリ同様苦味が強く、同じように薬用に使われ、役立たずではない。これも、関東以西の山野に野生する。

夏から秋へかけて山歩きをしていると、溝地のような湿っぽいところに、センブリを大柄にしたような花をよく見かける。アケボノソウというセンブリ属の一種で、草丈は七〇〜八〇センチメートルに伸び、センブリより葉幅が広く、三条の主脈が走るのが目立つ。四角ばった茎の中ほどから左右対称に小枝を出して、その先にセンブリよりも大きい、星状に開く花を咲かせるが、この花の模様が大変洒落ている。白地の花びらの中ほどに緑色の斑点が二つ目玉のように並び、その先に黒紫色の小さな斑点が散りばめられる。その斑点模様が、明るんできた暁の空に、消えゆく星の如く見える、ということでこの名が付けられたという。植物名の中では、なかなか秀逸な名だ。

このアケボノソウ、山野草の中では心引かれるものの一つだが、薬用効果はないらしい。

この他、アケボノソウに対してシノノメソウと名付けられた暖地の深山に野生する種類や、高層湿原が住処のミヤマアケボノソウという種類もある。

センブリもそうだが、リンドウ科の植物には、リンドウ属やこのセンブリ属のように健胃効果を持った薬草が多い。リンドウはゲンチアニン、センブリはスウェルチアマリンと成分は異なるが、どちらも苦味健胃薬として古くから愛用されている。

太平洋戦争末期の頃、私は栃木県の農事試験場で技術補助員という、いわば研修生という形で籍を置いていたが、何しろ手当てが雀の涙。そこで試験場の方で心配してくれて、今で云うアルバイトを世話してくれたことがあった。当時、医薬品不足を補うために薬草の調査が行われ、ちょうどセンブリの調査員を募集していたので、この調査員（当薬調査員）の職を授けてくれたのである。

幸い植物採集などをやっていたので、多少は山野草の知識はあったが、それまで特にセンブリなどに興味を持ったことがない。指導してくれる人もいない。考えたあげく、ある小学校の植物に詳しいK先生に、「お礼は差し上げられませんが、米と藷（いも）ぐらいならお土産に」という条件で同行していただき、近在の野山を調べて歩いた。それまで、気にも止めていなかったセンブリが、探してみると結構ある。発芽してから開花まで二年かかることも、その時教えられたし、花がなくとも苗だけで見分けがつくようにもなった。それ以来、どこへ行っても、やたらとセンブリが目につくようになってしまった。関心を持つということは恐ろしいことだ。

センダングサ

Bidens biternata

センダングサ属（ビデンス *Bidens*）にはいろいろ種類があるが、この一属のものは中米から南米生れのものが多く、わが国に渡ってきて野生化した種類も幾つかある。

センダングサは、わが国の関東以西に広く分布していて、湿り気の多いところを好み、河原や道端に生えることが多く、時に群落をなすこともある。高さ一メートル近くにまで伸びて粗く枝を出して、九月から十月へかけて、その先に目立たない黄色い頭状花を咲かせるが、同時に大小不規則な小さい舌状花も数枚付ける。キク科植物の舌状花は虫を呼ぶ標識とも考えられ、頭状花の周囲に整然と並ぶのが普通だが、センダンクサの舌状花はあってもなくてもいいような存在だ。実際、舌状花の欠けている花の方が多い。

葉は小葉の緑に鋸歯（きょし）のある羽状複葉の形で、それが花木のセンダンの葉に似ているところからセンダングサと名付けられた。ただし、このセンダンは古く楝（おうち）と呼ばれたセンダン科の花木で、「栴檀は双葉より芳し」の栴檀とは全く別の植物である。双葉より芳しの栴檀とは、香木として有名なビャクダン（白檀）のことで、本当のセンダンとは関係がない。植物名には、このような誤解を招きやすいものがよくあるので注意しなければならない。

さてこのセンダングサ、わが国在来の植物のような顔をしているが、どうやらかなり古い時代

センダングサ
Bidens biternata

117

和名：センダングサ
科名：キク科　属名：センダングサ属
生態：1年草　学名：*Bidens biternata*

に渡来して居着いてしまったものらしい。

センダングサもあちこちに雑草的に生えているが、この仲間で最も多く見られるのにアメリカセンダングサというのがある。名前のようにアメリカからの帰化植物で、センダングサよりやや大柄。よく似ているが、茎は赤味がかり（センダングサは緑色）、四角ばっているので区別がつく。節々から左右対称に枝を出して、さらにその先も枝分かれして黄色の頭状花を付ける。一見、頭状花だけで舌状花がないように見えるが、よく調べてみると、ごく小さな舌状花があることに気づく。センダングサには、頭状花の基部に総苞片（そうほうへん）という細長く小さな葉が車状に付いていて、上から見ると緑色の舌状花を持った一輪の花にも見える。

この仲間で、同じように総苞片を付けるものにタウコギというのがある。これはどうやらわが国の在来種のようで、各地の田圃など、湿り気の多いところによく生える。葉は羽状複葉ではなく、三〜五裂葉でウコギの葉に似ていて田圃によく生えるところから名付けられたものだ。茎は他種より太いが軟かめで、曲ったり倒れたりしやすい。頭状花は前二種よりかなり大きく、アメリカセンダングサ同様、頭状花の基部に車状の目立つ総苞片が付き、舌状花はまったくない。

わが国に野生するセンダングサ類は、舌状花がないか、あっても目立たぬものが多く、お世辞にも美しいとは云えないが、四国、九州や沖縄などの暖地に多いアワユキセンダングサは、白く目立つ舌状花を持ち、群がって咲くところは大変美しい。もともと中南米原産の一年草で、特に沖縄に多く野生化していて、道端や空地などに群生している。ほぼ一年中咲いていて、遠目にも雪が積もるように白く、淡雪センダングサとはうまい名前を付けたものだ。

メキシコというと砂漠とサボテンを連想するが、それはメキシコ北部のこと。中部から南へかけてはワイルドフラワーの宝庫で、色の美しい様々な花が咲き乱れる。この中にはセンダングサ属のものも多く、中でも多いのがこのアワユキセンダングサだ。忘れられないのは、メキシコシティー近くにある有名なテオティワカン遺跡を訪れた時のこと。雄大なピラミッド周辺の一角が、雪が積っているように真っ白に染められている。これがアワユキセンダングサの大群落で、褐色のピラミッドの肌とのコントラストが何とも云えず美しかった。

センダングサの仲間は、花後、コスモスと同じような細長くて硬い種子をならせる。熟すと放射状に広げる種子は、頭に針のような突起が数本あり、これに逆さ刺(とげ)が生えている。人や動物などがこれに触れると、この時とばかり、この逆さ刺を引っ掻けて取り付き、遠くまで運ばれて分布を広めようとする。

今年もまた、アメリカセンダングサがあちこちに生えて大株に育ち花を付けてきた。種子ができぬうちに、早く引き抜いておかないとますます殖えてしまう。袴(はかま)を広げたような総苞片を持つ花を見ると、その形の面白さに、引き抜くのに少々気が引けてくる。

イヌビユ

Amaranthus lividus

その辺に生えている草の中で、意識して見ないと見過してしまうような諸々の草を、一からげにして雑草とされてしまうが、このイヌビユなどもその一つであろう。

北地にはないようだが、各地に広く分布している、いわゆる雑草扱いにされるヒユ科の一年草で、株元より枝分れして葉先がややくぼむ菱形に近い卵形の葉を互生して茂らせる。晩夏から秋へかけて、三〇～四〇センチメートルぐらいに伸びる茎上に、細長い花穂を立てて、米粒のような緑色の小さな花を密に綴る。茎頂だけでなく、葉腋(ようえき)にも短かい花穂を付け、全体の花の数はどれくらいになるのか数えきれないほど多数の花を付ける。しかも、一花一粒であるにもかかわらず、一株から生れる種子の数も無数で、これがこぼれて生えるが、生存競争の厳しい自然界では、このうちどれくらいの数が生き残れるのだろうか。

ヒユという名は知っていても、どんな植物かとなると、意外に知る人が少ないようだ。イヌビユの仲間に、ただヒユという種類がある。元来、熱帯アメリカ生れの植物で、その葉が食用とされるところから、昔、葉菜の一つとして輸入栽培され、ひところ流行ったことがあるらしく、そのためにヒユの名が知れ渡ったらしい。ところがその後、どうもその草姿が在来のイヌビユに似て、雑草のイメージが強いためか、栽培利用されることが少なくなってしまい、家庭菜園流行り

イヌビユ
Amaranthus lividus

和名：イヌビユ

科名：ヒユ科　生態：1年草

属名：ヒユ属　学名：*Amaranthus lividus*

の今日でもほとんど栽培されておらず、忘れられてしまったようだ。そのため、ヒユの名だけが、その頃の日本人の頭にインプットされて残っているらしい。

イヌビユは、ヒユに似て食べて食べられないことはないようだが、やはり本物のヒユにはかなわない。そこで、利用されないというところからイヌの名をつけたようだが、これも犬が聞いたら嫌な顔をするだろう。

このヒユ属（アマラントゥス *Amaranthus*）の仲間で、わが国に帰化したものにはいろいろな種類があり、その多くは南アメリカ生れだ。ヒユ同様に嫩葉（若芽の葉）が食べられ、明治時代に渡来し、野生化してしまったアオビユ、同じく南アメリカ原産で野生化したホナガイヌビユ、大型で人の丈以上に育つホソアオゲイトウのように、嫌がられる役立たずの種類もある。

その一方で、観賞用として花壇などに植えられ、楽しまれている好運児もいる。その一つが、雁来紅の別名でも呼ばれるハゲイトウだ。澄んだ秋空をバックに、人の丈ほどに伸びる茎の頂きの葉が、真っ赤に色付くその姿は実に美しく、詩心をくすぐられる。秋の季題として詠まれた歌も多く、秋花檀用草花として欠かせない存在だ。草花として扱われるが、美しいのは赤く色付く頂葉で、花は葉の付け根にごく小さな花がかたまって付く程度で、目立たず観賞価値は全くない。

多くは、頂葉がアマランサス・レッドと云われる独特な赤い色に色付くが、園芸品種には黄色く色付くものや、赤、黄、緑と三色に色付くニシキゲイトウ（錦鶏頭）という品種もあるし、葉が細く垂れ下がり、赤く色付くヤナギバケイトウ（柳葉鶏頭）などいろいろな品種がある。

このハゲイトウ、昔は雁が渡り、秋風が吹き始める頃から色付き、秋冷とともに鮮やかに色付いて詩心を呼んだものだ。ところが、最近の品種はすべて早く着色する早生種に改良されてしまい、いちばん暑い真夏に色付いてしまう。冷涼地ならいざしらず、暑い真夏に色付くと、高温のため色合いがぼけて鮮やかとは云い難いし、暑い夏に赤い色では、ますます汗をかくばかりで詩心も生じない。こうなると、品種改良というよりも、品種改悪したと云いたくなる。

クリスマスの花というと、苞葉（ほうよう）が真っ赤に色付くポインセチアが定番となっているが、昔、ポルトガルでは、クリスマスには赤く色付くハゲイトウが使われていたそうだ。属名のアマラントゥスには「萎れない」という意味がある。南欧では、クリスマスの頃まで萎れないで赤く色付いているのだろうか。わが国では、霜が降りると枯れてしまうが……。

ハゲイトウの仲間に、ヒモゲイトウという、紐のように長い花穂に赤い小花をぎっしりと付けて垂れ下がる種類がある。大株に茂って咲くと実に見事で、紅紐を下げたようで美しい。これに稔る細かい種子は、古来食用にされてきたもので、最近、健康食品として再びクローズアップされている。別名センニンコクというが、これは「仙人穀」の意で、仙人が食べる穀物というわけだから、凡人が食べれば霊験あらたか、ということになろうか。

カナムグラ
Humulus japonicus

蔓草には、ヤブガラシ、カラスウリ、ヘクソカズラなど、他の植物を覆いかくして、仕末に悪い〝害草〟と化すものが多いが、その一つにカナムグラがある。

地下茎ではびこるヤブガラシは、取っても取っても生えてきて仕末に悪いが、その点、カナムグラは一年草で、前年にこぼれた種子が芽生えて育つので、早いうちに引き抜けば再び生えてくることはない。ところが生長が早く、うっかり放置すると、あれよあれよという間に生い茂ってくる。これは大変と、取り除こうとして蔓をつかむと、葉柄にまで細かい刺が生えていて、下手をすると引っ掻き傷だらけになってしまう。われわれにとっては憎らしい刺だが、カナムグラにとってはこの刺があることによって、しっかりとからみつきやすいわけだ。この蔓は右巻きに巻きつくが、意外に繊維が強く引きちぎりにくい。鉄のように強く、他を覆い隠すように茂ることを葎と云うために、この名が付けられたらしい。まさにぴったりという名だ。

このカナムグラ、雄株と雌株とがあり、茎葉は同じだが、秋になるとどちらにも葉腋から花穂を出して花を付ける。雄株の花柄は、ほぼ水平に枝分かれしながら伸びて、ごく小さな薄い黄緑色花を垂れ下げるようにしてたくさん咲かせる。よく見ると、提灯を数多く提げた万灯のようで何かほほえましい。一方、雌株の花はまったく趣を異にする。鱗状の苞片が重なり合って、こ

カナムグラ
Humulus japonicus

和名：カナムグラ
科名：クワ科　　　生態：1年草
属名：カラハナソウ属　　　学名：*Humulus japonicus*

の苞の内側に雌花が隠れていて外からは見えない。何片も重なり合った苞は松毬(まつかさ)状になって、幾つも垂れ下がったように短かい花穂につく。雄花の花びらと見えるのは萼(がく)で五枚あり、雌花の方は、萼、花弁ともにない。

カナムグラは仕末に悪い雑草として扱われてしまうが、この仲間にはこれとは反対に大変有用な種類がある。

苦い酒と云うとよいイメージがないが、苦さを命とする酒がある。ビールだ。銘柄によってその苦味に強弱はあるが、ビールから苦味をなくしてしまったら、およそ間の抜けたものになるだろう。この苦味をつけるのが、ホップとも呼ばれるセイヨウカラハナソウの雌花で、カナムグラと同属の植物であるが、こちらの方は多年草で地下茎によって殖える。カナムグラによく似ているが、カナムグラの葉は五〜七裂する掌状の葉だが、こちらのは三裂葉であるので区別がつく。

この苦味の元はルプリンと呼ばれるもので、雌花の小苞に付く小さな粒に香りがあり、苦味がある。これをビールの苦味つけに用いるわけだが、雌花が受粉すると香りが失われてしまう。そのために、雄株があると受粉して役立たずになってしまうので、ホップ栽培では雌株だけが栽培される。男不要、というわけだ。わが国へは初めから雌株だけが導入され、この雌株の地下茎によって殖やされている。

セイヨウカラハナソウの生れ故郷は西アジアとされるが、わが国の中部以北の山地にはこれの変種であるカラハナソウというのが野生している。同じように、未受精の雌花には香りと苦味があるが、ビールの苦味剤としては栽培されていない。ホップ栽培は、信州などの冷涼地で行われることが多いが、栽培する畑の周辺に野生のカラハナソウがあると、その雄株の花粉がホップの雌花をレイプしてしまう恐れがあるので、見つけ次第、抜き取ってホップの〝女人国〟を守るのだそうだ。

センブリのように苦味の強い薬草は、苦味健胃剤として用いられることが多いが、このホップやカラハナソウも、同じように薬用としても用いられていた。

毎年毎年、わが家でもはびこるカナムグラに手を焼く、いや、手を引っ掻き傷だらけにして苦労するが、役立たずと思っていたこのカナムグラ、何と欧米では旺盛に茂るのを利用して、日除けに利用することがあるそうだ。わが国でも利用したら、とも思うが、〝害草〟イメージが強過ぎて、まず無理だろう。あちらでは斑入り葉品種まであるという。所変れば品変る、というところだろうか。加えてこのカナムグラ、全草が解熱、利尿に効果があるそうだ。こうなると、憎き〝害草〟とばかりは云っていられない。役立たずのものでも探してみると、どこかで役に立っていることがあるものだ。

ジュズダマ

Coix lacryma-jobi

近頃の子供たちは、自然を友として遊ぶ機会が少なくなってしまった。特に都会の子供たちはなおさらである。最近、子供たちを集めて草遊びを教えたり、自然観察をしたりする教室があちこちで催されるのも、このことをよく物語っている。昔は、今のようにテレビもない、いろいろなゲーム機器もない、道路へ出ても車も少ない、勢い戸外へ出て遊ぶことになる。町の中にも空き地があちこちにある。一歩町を出れば田畑が広がり、いろいろな野の草々が茂っていた。このような環境の中で、子供たちは身近にある植物を使って、いろいろな草遊びをしたものだ。レンゲやクローバー、アカマンマなどの花は女の子たちの恰好の遊び道具であったし、草笛を吹いたり、小川があれば笹舟流しをして遊んだ。これらの草遊びの材料の一つにジュズダマがあった。

もともと、熱帯アジア原産のイネ科の多年草で、かなり古くわが国へ渡来して居着いた帰化植物の一つ。小川や溝の縁のような湿っぽいところに多く生え、トウモロコシの葉に似た葉を茂らせ、一メートル以上に育つ。秋の声を聞く頃、葉腋(ようえき)から何本かの花穂を出して花を付けるが、この花がかなり変っている。丸い玉状のところが雌花で硬い殻に包まれている。その中に雌花があり、殻を突き破るようにして、その上へ雄花が数輪現われる。この殻は始め白い色をしているが、雌花が受精して種子を作ると黒くなり、硬さも増してきて、成熟すると指ではとても潰せないほ

ジュズダマ
Coix lacryma-jobi

和名：ジュズダマ
科名：イネ科　　生態：多年草
属名：ジュズダマ属　　学名：*Coix lacryma-jobi*

ど硬くなる。これを採ってきて、錐で穴を空け、糸を通してネックレスを作ったものだ。古くはこれを数珠としたために、ジュズダマと名付けられた。

このジュズダマにごく近い種類に、ハトムギというのがあって、この両種よく混同される。これも熱帯アジア生れで、古く穀類として渡来し、栽培されるようになったものだが、ジュズダマのように野生化はしていないようだ。また、こちらの方は一年草で、栽培するにも毎年種子を播いて育てることになる。しばしばジュズダマと混同されるようによく似ているが、ジュズダマの花穂は直立するのに対して、ハトムギの方は穂が垂れ下がるので容易に区別がつくし、果実も大きく殻も薄い。

ジュズダマは殻が硬く、食用にはされていなかったようだが、ハトムギの方は精白したものを食用とされる他、この種子を「薏苡仁」と称して薬用に使われてきた。漢名ではハトムギを「薏苡」、ジュズダマを「川穀」と呼んできたが、実際には反対で、薏苡はジュズダマ、ハトムギは川穀とするのが正しいそうだ。薏苡仁は強壮、利尿に効果があるとされ、健康食品としても知られている。この他、民間薬的に疣取りの妙薬ともされている。

戦中戦後へかけて勤めていた農事試験場の同僚が、手の甲や指に疣ができて困っていた。いろいろな塗り薬を用いても、どうもはかばかしくない。そうこうするうちに、誰かにハトムギの実を潰して塗るとよいと云われ、早速試してみた。どのくらいの期間やっていたかは覚えがないが、実が手に入る期間中だからそれほど長期間ではない。あれほどしつこかった疣が、いつの間にやらきれいさっぱりとなくなってしまった。端で見ていた私は、本当に効くのかなあ、とかなり疑っていたが、あまりの効きようにびっくりしてしまった。それ以後、疣に悩む人がいると、ハトムギがいいよと教えてあげることにした。彼が試していたのは、まだ殻が軟かくて潰しやすい未熟のもので、その汁を塗っていたが、成熟種子を煎じて飲んでも効くそうだから、これなら一年中利用できよう。

ジュズダマに同じような効果があるのかどうか、いろいろと調べてみたが、薬用となると専(もっぱ)らハトムギのことばかり記述されていて、ジュズダマの薬効についての記述が見当らない。わが家にも毎年、ジュズダマが生えて実をならせる。一つ試してみようかと思うが、幸か不幸か、疣ができたことがないので、未だにやってみたことがない。ただ、ジュズダマの根は鎮咳剤として用いることがあるそうだし、その成分もハトムギと同じようなものであるらしいから、たぶん疣取りにも効くだろう。

わが家にもジュズダマが居着いている。以前、誰かからハトムギの苗としてもらってきたものだが、実は、ハトムギではなくジュズダマであった、というものの子孫だ。なあんだ、ということで放ってあるが、そうだ、数珠を作ってお念仏でも唱えるとしようか……。

イノコズチ

Achyranthes japonica

北海道から九州に至るまで、どこにでもごく普通に見られる野草の一つ。方形の硬い茎を一メートル近くまで伸ばし、節々から対生して枝を出し、かなりの大株に茂る。夏の頃から枝先に細い棒状の花穂を伸ばして、ごく小さな白っぽい緑色花を、穂にこびりつくようにして綴り、咲き終るとつぼんで下を向く。花びらはなく、咲く時は五つの針状の萼（がく）が星形に開き、穂が伸びながら順次上へ咲き上ってゆくが、近寄って注意して見ないとよく解らないほど小さい。葉は先の尖る楕円形で、節々に対生して付く。

イノコズチは「猪の子槌」の意で、硬くて節間が長く、節々がわずかに膨む様を猪の脚と膝頭に見立てた名前だという説があるが、どうみてもそのようには見えない。別名のフシダカ（節高）というのはまさにその通りだが、またの名をコマノヒザとも云う。これは「駒の膝」、すなわち馬の膝ということで、漢名の「牛膝（ごしつ）」も、これは牛の膝ということになり、何となく節間のとんだ茎と節の膨みが、和漢問わず動物の膝頭に見えるようだ。

この一属、アキランテス属（*Achyranthes*）のアキランテスとは「籾殻（もみがら）の花」という意味で、その小花を籾殻に模して付けたらしい。種名のヤポニカは「日本産の」という意味だが、わが国だけではなく中国にもあるらしい。ただし、中国のものは別種だとする説もあるから、そうだとす

イノコズチ
Achyranthes japonica

和名：イノコズチ
科名：ヒユ科
属名：イノコズチ属
生態：多年草
別名：コマノヒザ、トビツキ、ヒカゲイノコズチ、ヒナタイノコズチ、フシダカ
学名：*Achyranthes japonica*

れば、やはりわが国のものはヤポニカの名の通り、わが国の固有種ということになる。

イノコズチは、野生する場所によって日向に生えるものをヒナタイノコズチ、日陰地に生えるものをヒカゲイノコズチと称することがあるようだが、分類学的には同種のものである。同属の別種にヤナギイノコズチというのがあり、これは山地の林下などが住処(すみか)で、葉がイノコズチより細く、いわゆる柳葉で表面がイノコズチよりすべすべしているので区別がつく。花穂や花はイノコズチとほとんど同じで、区別がつけにくい。両種ともに、結実して成熟すると、茶褐色となって取れやすく、これが衣服などによく取り付いて、人や動物によってあちこちへと運ばれて広がってゆく。そのために、トビツキという面白い名で呼ばれることもある。

取るに足らぬような雑草と思われがちだが、役立つ面もある。この根が薬用となるのだ。漢方では牛膝と称し、膝関節や足腰の痛む時に、この根を煎じて飲むとよく効くという。猪の子槌、駒の膝、牛膝と、いずれの各称をみても膝と関係がある。なるがゆえに膝の痛みに効くとは安易過ぎるきらいはあるが、本当に効くのなら、これ偶然の一致と云わねばなるまい。この牛膝、サポニンとカリ塩を含み、薬局方にも収められているというから、薬草としては公けに認知されている植物だ。また、関節痛などに効く他、尿道炎、膀胱炎などにも効くと云われるし、黒焼きにしたものを硼酸軟膏(ほうさんなんこう)で練ったものを腫れ物に塗るとよく治るともいう。薬草には、かなり多面的な効果のあるものが多いが、このイノコズチもその一つのようだ。

イノコズチの根はかなり太めで、これを干したものを薬用にするが、ヒナタイノコズチの方が根が太くて大きく薬用に適していると云われ、ヒカゲイノコズチは根が貧弱で薬用には不向きとされている。日陰物はやはり日陰者、というわけだろうか。

わが家にも、ツツジの生け垣沿いに、イノコズチがやたらと生えてくるところがある。春になると、生け垣の裾一面にびっしりと生えてくる芽生は、去年なった種子がこぼれたものだろう。よく見ると、そばに去年の大きく育った枯れ株がある。道理でたくさん生えるわけだ。小さなうちは、根が張っていないので簡単に引き抜ける。きれいさっぱり抜き取って、やれやれと安心していたら、一カ月も経たぬうちに、またいっぱい生えてきたではないか。雑草と呼ばれる草々は、こぼれた種子が一斉には生えない。何回にも、いや何年かにわたって生えてくるものが多い。これも厳しい自然環境の中で、種族を絶やさぬための、自然から与えられた大いなる術（すべ）でもあろう。

秋になり、取り残したイノコズチの株を片づける。家へ帰って来たら、家の者に、

「なにい、それ、何をくっつけているの！」

と叫ばれた。

シャツからズボンから、かぶっていた帽子にまで、ビッシリと付いたイノコズチの種子、はたいても、しっかりとくっついていて取れない。結局、一粒一粒手で取るハメに陥ってしまった……。

ヤブマメ

Amphicarpaea bracteata subsp. edgeworthii

マメ科植物には茎が蔓（つる）になって長く伸び、他の物にからみついて茂るものがある。この中には、インゲンマメやササゲ、ハナササゲのように食用のために栽培されるものが幾種類もあるが、野生のものも調べてみるとかなり多い。秋の七草の一つ、クズなどはその代表的なものだが、このヤブマメも蔓性のマメの一種である。

各地に広く分布していて、原野から空地、道端、時に畑にまで生えてくることがある。他の蔓草同様、生け垣の裾などに生えてくると、細い蔓を巻きつけてたちまちのうちに生垣の上に這い上がって、覆いかぶさるように茂る。

葉は、ちょうど大豆の葉を小柄にしたような三小葉で、細かい毛が生え、蔓にも逆さ毛がある。秋口から葉腋（ようえき）に、短かい花穂を出して、薄い紫桃色の小花を数輪咲かせるが、あまり目立つような花ではないし、下向きに咲くので寂しげな感じがする。花後、長さ三センチメートル足らずの扁平な豆状果をならせるが、果皮に網目模様があり、中のレンズ状の種子にも斑点がある。

ナンキンマメは、受精した子房が根のように長く伸びて土の中へ潜り、その先に結実して、いわゆる落花生を作る。何のことはない。自分で自分のタネ播きをしているようなものだ。何とも面白い習性をもった植物だが、このヤブマメも同じように自分でタネ播きをする。ただし、ナン

ヤブマメ

Amphicarpaea bracteata subsp. edgeworthii

137

和名：ヤブマメ
科名：マメ科
属名：ヤブマメ属
生態：1年草
学名：*Amphicarpaea bracteata subsp. edgeworthii*

キンマメとは違って、子葉の腋から細い糸のような地下茎を出して、これから枝分れし、その先に閉鎖花を生じて球状の実を結ぶ。どうして、このような習性を身につけたのか。地上部に開花結実するだけでは気が済まぬのか、何とも不思議なことである。

蔓性の野生豆の一つに、大豆と同属のツルマメというのがあり、これも各地でよく見かける。関東以西の川岸の泥湿地に多く生えるといわれるが、火山灰土の武蔵野台地であるわが農園にも生えているから、必ずしもそうではないようだ。ヤブマメ同様、蔓、葉ともに微毛があり、葉も大豆の葉を小振りにしたようで、細長く伸びる蔓は左巻きにからみついて伸びる。この蔓、細かいが意外に繊維が強く、引きちぎろうとしても、なかなかちぎれない。夏から秋へかけて、ヤブマメと同じく葉腋に短かい花穂を出して、濃いピンクの蝶形花を五〜六輪咲かせる。小さな花だが、よく見ると意外に可愛らしい。花後にできる実莢（みさや）は長さ三センチメートルほどで小さいが、大豆の莢とよく似ていて同じように細かい毛が生えている。ただ、大豆の莢と違って、熟すると黒くなり意外に目立つ。熟して実莢が乾くと、皮は捻（よじ）れるように反転して中の種子をはじき飛ばす。皮も黒いが、この種子もまた黒い。

このツルマメの学名はグリキネ・ソヤ（*Glycine Soja*）と云うが、このソヤとは大豆のことで、大豆に付けてこそ応わしい名前だ。同属とはいえ、なぜツルマメにこの学名を付けてしまったのだろうか。ちなみに、大豆の学名はグリキネ・マックス（*Glycine Max*）と云う。

ツルマメの種子は黒いが、同じように黒い種子となる蔓性のマメにノササゲというのがある。ノ（野）ササゲというが、実際には野には生えず、山地に生える。本来はヤマ（山）ササゲと云うべきだろうが、誰が云い出したのかノササゲになってしまったという蔓性のマメの一種である。ヤブマメ、ツルマメともに一年草だが、これは多年草。豆も黒いが、その蔓も紫黒色で、夏から秋へかけ、黄色の蝶形花を葉腋から花穂を出してこれに綴る。ノササゲに対して、ノアズキというのもある。多年生の蔓草で、小型の三小葉を付け、やたらと茂って他の草や木にまといつく姿がクズにも似るため、別にヒメクズの名がある。夏の頃、葉腋に花梗を出して、先の方に二〜三輪の黄色い小花を咲かせる。その分布は中部以西に多く、それより北にはないようだ。

ちょっと変った蔓性のマメにタンキリマメというのがある。このマメを飲むと痰が切れるというので「痰切豆」と名付けられたらしい。名前も変っているが、この種子がまた変っている。軍配形の小さい実莢は熟してくると赤くなり、やがて二つに開いて黒い種子が飛び出すが、この種子、親離れするのが嫌いとみえて、莢にくっついたままになる。花は黄色、実莢は赤くなり、飛び出る種子は黒。何ともカラフルな種類だ。これによく似た同属種に、トキリマメというのもあるが、タンキリマメ同様、莢は成熟すると赤くなり、種子は黒い。トキリは痰切りが訛ったという説があるようだが、定かではない。

ミズヒキ

Polygonum filiforme

　秋風が立ち始める頃、山野の林の縁などに糸のように細長い花穂を立てて、米粒、いや粟粒のように小さな赤い花を粗く付けているのを見かけることがある。見映えのする花でもないし、ともすると見過してしまうような花だが、何か静かな趣があって思わず足を留めて見入ってしまうのが、このミズヒキだ。

　タデ属（ポリゴヌム属 *Polygonum*）の一種だが、このグループの花は、米粒のような小さな花を長い花穂にぎっしりと付けるオオケタデやイヌタデなどの穂状タイプのものと、ミゾソバやママコノシリヌグイのような、枝先に小花を小球状に綴るタイプのものとがある。ミズヒキは前者タイプと云えるが、花穂は細く、花付きが粗く、スリムである。穂先が垂れ下がり気味となる他種とは違って、真っ直ぐに伸びる独特なスタイルだ。

　日陰地に好んで生え、枝を出しながら株立ちになって茂るため、大株になると多数の花穂を出し、花こそ細かいが、蒔絵を見るような繊細な美しさがある。

　この小さな花、よく見ると面白い形をしている。花穂の軸に粗く横向きに付き、上から見ると亀の甲を思わせる形をしている。先端から雌蕊(しべ)が飛び出して下を向き、亀が尻尾だけ出しているように見える。タデ属はほとんど無花弁で、萼(がく)が花びらの代りをしているが、ミズヒキはその先

和名：ミズヒキ

科名：タデ科　　生態：多年草

属名：タデ属　　学名：*Polygonum filiforme*

が四枚に、わずかに開く。甲羅状の上側は赤く、下になる腹側は白いが、腹側の方はほとんど見えないので、目には赤い花と映る。開花後も萼はそのまま残り、ますます赤くなるので、夏に咲き出すが、秋になってさらに美しくなる。多くは赤花であるが、時に白花があり、これをギンミズヒキ（銀水引）という。

また、赤花と白花が入り混るものがあって、ゴショミズヒキ（御所水引）という優雅な名が付けられている。葉は先の鋭った広卵形の薄手で、両面に細かい毛が生えていて、触るとややざらつく。この葉には薄黒いV字紋が入ることが多い。タデ属のものには、このほかミゾソバやハルタデ、サデクサなど、やはりV字紋を現わすものがよくある。このV字紋、何のためにあるのか知る由もないが、無地の葉よりも、これがアクセントとなって何か魅力を感じる。

ミズヒキは、全国各地の林下、林側などにごく普通に見られ、寂し気な花だが、昔から庭木の下草や、裏庭などに植えられることが多い。

最近、わが国では住宅も洋風になり、庭も昔ながらの和風のものから、洋風の庭造りをする人が多くなったし、英国式のイングリッシュ・ガーデンが大流行りである。あちらへ行くと、植物園や公園などの他、一般の家庭でもジャパニーズ・ガーデンをよく見かける。中にはチャイニーズ・ガーデンと区別がつかぬようなものもあって、見ていると結構面白いが、雪見灯籠（ゆきみどうろう）が置いてあれば、ジャパニーズ・ガーデンのつもり？　と思ってよい。ただ、いつも感心させられるのは、意外に日本の樹木や草物を植えてあることで、モミジなど、わが国でもあまり見かけないような、日本産品種が植わっていたり、わが国では「便所の木」と馬鹿にされるヤツデとアオキは、必ずと云ってよいほど植えられている。ただ、わが国では古くから親しまれ、植えられてきたハギが植わっているのを見かけたことがない。どうやら、華やか好みの欧米人にとっては、ハギは寂しい花と映るらしい。ところが、日本人の心は、しなやかに垂れる枝に、チラチラと小さな花が咲くその姿に、秋の風情を感じ魅了されてしまう。風情に心引かれるその美意識は、日本人ならではのようで、ここが欧米の人たちとの美意識の違いだろう。

ミズヒキのあの細かい粟粒のような花に心引かれるのも、日本人ならではの美意識が然らしめるのに相違ない。それはハギを愛する心と共通するものがあるように思う。

このミズヒキ、繊細でどこか弱々しいが、植えてみると意外に丈夫で育てやすい。ほとんど手をかけずとも、毎年出てきて育つし、種子がこぼれて殖えてくる。赤花の普通のミズヒキが一番目立つが、これと一緒に白花のギンミズヒキもともに植えれば、紅白となっておめでたくなろうし、赤と白とのコントラストが一層引き立って美しくなる。稀に白の斑入り葉種もあるから、秋の庭の一角に、ぜひほしいのがこのミズヒキと云えよう。

チカラシバ

Pennisetum alopecuroides

空き地や道端にはいろいろな草が生えるが、中でも多いのがイネ科の草だろう。メヒシバ、オヒシバ、エノコログサ、スズメノカタビラなど、お馴染みのものも多い。いずれも雑草として扱われてしまうが、穂が出たところをよく見ると、造形的に美しいものがいろいろとある。ススキの穂を小さくしたような繊細なメヒシバの穂、仔犬の尻尾のようなエノコログサ、そして、このチカラシバの穂も、そのまま瓶掃除に使えそうで、紫色の長い剛毛がびっしりと付く姿が意外に美しい。

このチカラシバ、全国至る所に見られ、特に道端など、固まった土のところによく生える。硬い土にしっかりと根を張るために、引き抜こうとしてもなかなか抜けない。人と草との力競べとなってしまう。そのためにチカラシバ（力芝）と呼ぶようになったものである。また、別名をミチシバ（路芝）というが、これは道路際などに多く生えているためだ。道路というのは人や車が通るため、土が踏み固められやすい。いろいろな植物を栽培する時、土を固めるのは禁物で、通気、排水を考えて時々耕やしてやり、土を膨軟にすることが根の発育をよくするための原則だが、固められやすい道端に好んで生える植物の場合は、どうなっているのだろうか。このチカラシバもそうだが、このほかオオバコなどもこのようなところによく生える。

チカラシバ
Pennisetum alopecuroides

145

和名：チカラシバ
科名：イネ科
属名：チカラシバ属
生態：多年草
別名：ミチシバ
学名：*Pennisetum alopecuroides*

身近に生えるイネ科の草は一年草の方が多いが、このチカラシバは多年草で、引き抜けないと根株が残って翌年も生えてくるので、余計に仕末が悪い。芽が出てくると、分蘖（ぶんげつ）して大株に育って叢生し、六〇〜七〇センチメートルの高さに茎を伸ばす。秋が始まる頃、この稈頂（かんちょう）に一五センチメートル以上となる円筒状の穂を出して、長い紫色の剛毛を密生させる。その姿がボトル・ブラシ形で、株立ちになって多数の穂を出すと、よく目立つ。夕暮時の逆光に浮ぶそのシルエットは、雑草というには惜しい気もする。これの変種で、剛毛が緑白色のものがあり、名前をアオチカラシバと云う。これなども、群生して穂を出すと、紫のチカラシバと違ってなかなか優雅だ。

過日、秋のメキシコへ旅した折り、道端でこのアオチカラシバによく似た草を見た。わが国のものとは別種だろうが、たぶん同属のものだろう。野生コスモスのピンクの花の群落や、オレンジ色の野生マリーゴールドをバックにして、道端に白い穂が立ち並ぶ姿は大変印象的であった。

わが国にはチカラシバ属のものが、もう一種ある。と云っても、もともとはわが国の植物ではなく、南アメリカから渡来した帰化植物でツリエノコロと云う。葉幅がチカラシバより広く大きい一年草で、一メートル以上に丈高く伸びて、稈頂に数本の穂を放射状に出す。その穂は淡緑色で、チカラシバのように直立せず垂れ下がる。その姿は、チカラシバというよりも、ネコジャラシと通称されるエノコログサによく似ている。

チカラシバという名をもった植物がこの他にもある。オヒシバもその一つで、繊維が強く引きちぎりにくいことから、チカラグサとかチカラシバと呼ばれることもある。同様に、その葉が強靱で、とても指ではちぎれないためにチカラシバの別名を持ったものが、イネ科とは全く別科のイヌマキ科の植物にある。本名ナギと呼ばれる常緑樹で、暖地に自生するが、庭園や神社に植えられることもある。樹高二〇メートルにも達する大木で、幅広の光沢のある濃緑色の硬い葉を密に茂らせる。葉脈は他の広葉常緑樹とは異なり、数多く走る平行葉脈で、一度見るとすぐに覚えてしまうほど特徴的な葉だ。この仲間には、庭園用常緑樹として人気のあるラカンマキやイヌマキがあるが、細長い葉のこの二種とナギが同属とはちょっと思えない。雌雄異株で、雌の木には小指の先ほどの球果をならせる。別名チカラシバの他にベンケイノチカラシバ（弁慶の力芝）とも云う。その葉の強靱さを、さらに強調した名で、いかにこの葉がちぎれにくいかがよく解る。

秋深まると、生気のあったチカラシバの穂も、種子が成熟するとともに薄汚れてくる。この頃にそばを通って穂に触れると、衣服などにこの剛毛が突き刺さってなかなか取れない。この植物も、ただ種子をこぼすだけでなく、動物や人にくっついて運ばれ、その分布を広めてゆく。

エノキグサ

Acalypha australis

緑もゆかりもない、全く違う植物であるのに、葉姿がよく似ているものが時々ある。エノキグサもその一つ。エノキとは、昔、街道などの標識木としても使われ、またわが国の国蝶オオムラサキの食草でもある大木性の落葉樹であって、濃緑色の葉にはっきりと葉脈が走るが、このエノキグサは、その葉がエノキの葉に似るところから名付けられたものだ。片や大木で、標識木に用いられるほど目立つが、エノキグサの方は草丈三〇センチメートルほどの目立たぬ、それこそいわゆる雑草の一つである。細く硬い茎を伸ばし、節々から小枝を出して、夏から秋へかけて、小枝の先に針で突いたほどのピンクがかった褐色の小さな花を、これまた針のように細い花穂に綴る。雌雄異花で、花穂に付くのは雄の花。雌の花は、その下の方に受皿のような形をした苞葉(ほうよう)の中央に収まって付く。この苞葉が網笠様であるところから、別にアミガサソウとも云う。誰がこの名を付けたのか知らないが、かなり観察力の優れた人が付けたに違いない。

わが国各地の道端、空地、畑など至る所に生える雑草の一つで、畑や花壇などに生えれば、まず引き抜かれてしまう運命にある。葉は、云われれば確かにエノキの葉に似るが、それよりもやや細長く、いくぶん光沢がある。

このエノキグサとは異なるクワ科の一年草にクワクサというのがあって、何となくムードが似

エノキグサ

Acalypha australis

和名：エノキグサ　　生態：1年草
科名：トウダイグサ科　　別名：アミガサソウ
属名：エノキグサ属　　学名：*Acalypha australis*

ていてうっかりすると間違えやすい。これはどちらかというと関東以西に多く、これまた住処もエノキグサ同様で、どこにでも生えていてごく普通に見られる草の一つだ。エノキグサの葉がエノキの葉に似るなら、こちらの方はまさにクワ科の植物で、葉がクワに似るからだという。そう云われれば似ていなくもないが、私にはどう見てもこれからクワの葉を連想できない。むしろ、クワ科の草と考えた方がよいのではなかろうか。葉の形、長い葉柄を持つところなど、クワよりもエノキグサに似ているが、クワクサの葉柄の付け根をよく見ると、ごく小さな細い白い鬚のようなものが左右に付いている違いがある。ただし、これはよほど注意して見ないと解らない。それよりも、花の方がかなり異なり、これを見ればこの二種、はっきりと区別がつく。ともに雌雄異花ではあるが、雌花と雄花は別々ではなく、混在していて葉腋に丸く固まって付く。あたかも、小さな団子をくっつけたようになる。葉は似ているが、エノキグサより薄手で、表面がややざらつくし、夏の頃から、葉裏にハダニが付きやすく、そのために、ひどくなると葉が白っぽくがさついた感じになる。エノキグサの方は、ハダニはほとんど付かないようだ。

両種ともよく似ているが、細かく観察してみると以上のような違いがある。

*本書は二〇〇二年十二月初版刊行の『柳宗民の雑草ノオト』と二〇〇四年三月初版刊行の『柳宗民の雑草ノオト②』を基に、季節ごとに再編集したものです。

復刊に際し、本文用紙をカラー印刷適正に優れたものに改め、イラストそのものもより自然に近い色彩を目指し、製版時に色調補正等を行いました。本文については、一部訂正した箇所もあります。

あとがき　I

かつて生物学者でもあられた昭和天皇は、「雑草という植物はない」と云われたそうだが、確かに、雑草という言葉には差別的なニュアンスがある。すべての植物を愛された天皇にとっては、この言葉を好まれなかったお気持ちがよく解る。どんなに見映えがせず、つまらないと思う植物でも、よく観察すれば素晴らしい生き物としての美しさがある。

農学的には、植えられた植物の栽培に支障を来す植物のことを雑草と云うらしい。ところが、一般には、名も解らぬ、美しくもない草々をすべて雑草という言葉でくくってしまっているようだ。野の草でも、美しいものは雑草扱いされない。人間でも、美人だけが人間ではないし、人種が異なっても、人権は平等である。

雑草という言葉は、差別的ではあるが、反面、庶民的な親近感がある。題名を『雑草ノオト』としたのも、美人も不美人も差別なく、私たちの身近に普通に見られる草、と解釈していただきたいと思うからである。

わが国は世界でも珍しい四季のはっきりした国である。四季それぞれに咲く花があり、咲く花によって季節を知る。日本文化は、この豊かな四季の恵みを受けて発達した。春の七草、秋の七草の歌が生れたのも、日本ならではのことだ。

本書でも、四季それぞれに咲く身近な野の花を、私なりに選んでみた。どんな草でも、どこかに美しさがあり、役立つ面があることを汲んでいただければこれに勝る幸せはない。

末筆ながら、本書の刊行に労をとられた毎日新聞社の福田正則氏と、素晴らしい挿画を描かれた三品隆司氏に心から感謝をしたい。

平成十四年十一月

柳 宗民

（旧版『柳宗民の雑草ノオト』「あとがき」より）

あとがき　Ⅱ

一昨年、請われて『柳宗民の雑草ノオト』なる一書を書いた。それまでは、知っているような知らないような身近にある草々を何となく漠然と見ていたが、書くに当たって、いろいろと調べたり観察したりしているうちに、気が付かなかったことを多々教えられた。

そして、嫌がられ、見捨てられているような雑草にも、それぞれに生命の営みがあり、生き物としての美しさがあることを改めて知らされると同時に、これらの草々の多くを、昔の人々が見捨てることなく、実にうまく利用してきたことにも驚かされた。

『雑草ノオト』を読まれた方々から、

「その辺に生えている草々に親近感を覚えるようになった……」

「草取りをしながら、雑草の名を覚えるようになったが、どうも草取りがしづらくなってしまった……」

などなど、いろいろな感想を戴いた。名もなき雑草と片づけられていた雑草の名を認知していただけただけでも有り難いと感謝したい。

今回、『雑草ノオト』に載せられなかったものをさらに六〇種選んで、再び一書にまとめて続編とした。浅学な私が書いたこととて、私の勝手な推量で書いた面もあろうし、誤りもあるとも思う。その点、御指導、御叱正を賜れば幸いである。

本書を刊行するに当たり、再び毎日新聞社の福田正則氏と、心温まる挿絵を描いて下さった三品隆司氏に心より感謝をしたい。

平成十六年二月

柳 宗民

（旧版『柳宗民の雑草ノオト②』「あとがき」より）

定本 柳宗民の雑草ノオト 秋

二〇一九年八月一五日 印刷
二〇一九年八月三〇日 発行

著者 柳宗民
画 三品隆司

発行人 黒川昭良
発行所 毎日新聞出版
〒一〇二-〇〇七四
東京都千代田区九段南一-六-一七 千代田会館五階
営業本部 〇三-六二六五-六九四一
図書第一編集部 〇三-六二六五-六七四五
装丁 中島浩
印刷・製本 光邦

ISBN 978-4-620- 32599-6

柳 宗民（やなぎ・むねたみ）

園芸研究家。一九二七年、民芸運動の創始者・柳宗悦の三男として京都市に生まれる。栃木県農業試験場助手、東京農業大学研究所研究員を経て独立。柳育種花園を経営するかたわら、執筆やテレビ・ラジオで活躍した。（社）園芸文化協会評議員、英国王立園芸協会日本支部理事、恵泉女学園大学園芸文化研究所顧問を歴任。著書に『ゼラニューム　ＮＨＫ趣味の園芸――よくわかる栽培12か月』（日本放送出版協会）、『かんたん宿根草花――育て方・楽しみ方』（西東社）など多数がある。二〇〇六年二月、逝去。

三品隆司（みしな・たかし）

科学ライター・イラストレーター。一九五三年、愛知県生まれ。主に自然科学書の企画、製作に携わる。美術、民俗学にも深い造詣を持つ。著書、共著書に『図解 SPACE ATLAS』『アインシュタインの世界』『いちばんわかりやすい解剖学』（以上、ＰＨＰ研究所）、『雪花譜』（講談社カルチャーブックス）、『歌の花、花の歌』（明治書院）、『調べる学習百科　月を知る！』『調べる学習百科　火星を知る！』（岩崎書店）などがある。

INDEX

ア

イ

ウ

エ

オ

カ

キ

シ

ス

セ

ソ

タ

ノ

ハ

ヒ

フ

ヘ

A

B

C

D

E

F

G

H

K

L